工业和信息化精品系列教材

软件测试

第2版

人民邮电出版社

北 京

图书在版编目（CIP）数据

软件测试 / 黑马程序员编著. -- 2版. -- 北京：
人民邮电出版社，2023.8
工业和信息化精品系列教材
ISBN 978-7-115-61638-8

Ⅰ.①软… Ⅱ.①黑… Ⅲ.①软件－测试－教材
Ⅳ.①TP311.55

中国国家版本馆CIP数据核字(2023)第068415号

内 容 提 要

本书详细地介绍了软件测试的相关知识。本书共 8 章，第 1 章主要讲解软件测试的基础知识；第 2～3 章主要讲解黑盒测试方法与白盒测试方法；第 4～7 章主要讲解接口测试、性能测试、Web 自动化测试和 App 测试的相关知识；第 8 章通过一个软件测试实战—黑马头条项目，完整呈现软件测试的全过程，帮助读者巩固前面所学的相关知识。

本书配套教学视频、源代码、习题、教学课件等资源，同时为了帮助初学者更好地学习本书中的内容，作者还提供了在线答疑服务。

本书既可以作为高等教育本、专科院校计算机相关专业的教材，也可以作为广大软件测试爱好者的入门读物。

◆ 编　著　黑马程序员
　　责任编辑　范博涛
　　责任印制　焦志炜
◆ 人民邮电出版社出版发行　　北京市丰台区成寿寺路 11 号
　　邮编　100164　电子邮件　315@ptpress.com.cn
　　网址　https://www.ptpress.com.cn
　　山东华立印务有限公司印刷
◆ 开本：787×1092　1/16
　　印张：14　　　　　　　　　2023 年 8 月第 2 版
　　字数：361 千字　　　　　　2025 年 6 月山东第 7 次印刷

定价：49.80 元

读者服务热线：(010)81055256　印装质量热线：(010)81055316
反盗版热线：(010)81055315

本书在编写的过程中，结合党的二十大精神进教材、进课堂、进头脑的要求，将知识教育与思想品德教育相结合。通过案例学习加深学生对知识的认识与理解，让学生在学习新兴技术的同时了解国家在科技发展上的伟大成果，提升学生的民族自豪感，引导学生树立正确的世界观、人生观和价值观，进一步提升学生的职业素养，落实德才兼备、高素质和高技能的人才培养要求。

随着软件产品的功能日渐复杂，为了降低软件的开发成本，提高软件产品的质量，软件测试逐渐成为软件开发过程中一项非常重要的工作。近年来 IT 技术发展迅速，用户对软件产品的品质和体验有了更高的要求，如果企业想凭借软件产品占领市场，就要避免软件产品存在质量问题。所以，人才市场对软件测试人员的需求越来越大，使得越来越多的人开始学习软件测试技术。

本书是《软件测试》的第 2 版，在第 1 版的基础上做了如下修改。

（1）新增 2 个黑盒测试方法和 8 个黑盒测试方法实例。

（2）新增白盒测试的基本路径法及对应的实例。

（3）新增了对接口测试的讲解，内容包括 Postman 工具的安装与基本使用。

（4）新增了对性能测试工具 JMeter 的讲解，内容包括 JMeter 工具的安装、JMeter 核心组件，以及如何使用 JMeter 工具对轻商城项目进行性能测试。

（5）新增如何搭建自动化测试环境、Selenium 工具的基本应用、unittest 和 pytest 自动化测试框架等内容。

（6）新增了对 App 兼容性测试的讲解，内容包括如何搭建 App 测试环境、Appium 的基本应用。

（7）对每章的实例及全书最后的综合项目进行了更新。

◆ 为什么要学习本书

现在市面上有很多软件测试教材，这些教材大多注重理论知识的讲解，而缺少动手实践环节。基于这种现状，本书在第 1 版的基础上更加注重理论与实践的结合，旨在让读者在掌握软件测试的理论知识的同时培养动手实践的能力。

本书站在初学者的角度，将软件测试的相关知识以辐射形式平铺展开，布局合理、结构清晰。针对不同的软件测试类型，本书配备了大量的测试实例，让读者能以较快的速度具备实战能力。

◆ 如何使用本书

初学者在使用本书时，建议从头开始、循序渐进地学习，并且反复练习书中的实例，以达到熟能生巧的目的。如果读者是有技术基础的测试人员，则可以选择感兴趣的章节跳跃式地学习。

本书共 8 章，下面分别对每章进行简单的介绍，具体如下。

• 第 1 章主要讲解软件测试的基础知识，包括软件生命周期、软件开发模型、软件质量概述、软件缺陷管理、软件测试的目的、软件测试的分类、软件测试的流程等。通过本章的学习，读者可以了解软件测试的概念以及软件测试在软件开发过程中的作用。

• 第 2~3 章主要讲解黑盒测试方法与白盒测试方法。其中，黑盒测试方法包括等价类划分法、边界值分析法、因果图法与决策表法、正交实验设计法、场景法和状态迁移图法等；白盒测试方法包括基本路径法、逻辑覆盖法和程序插桩法。通过这两章的学习，读者可以掌握黑盒测试与白盒测试的概念，以及两者之间的区别，并且能够掌握使用黑盒测试方法与白盒测试方法设计测试用例。

● 第 4 章主要讲解接口测试，包括接口测试简介、HTTP、Postman 入门、Postman 的基本使用，最后通过 iHRM 人力资源管理系统项目实例演示如何使用 Postman 工具进行接口测试的过程。通过本章的学习，读者可以对接口测试有一个整体的认识，并掌握接口测试工具 Postman 的使用。

● 第 5 章主要讲解性能测试，包括性能测试简介、性能测试种类、性能测试指标、安装 JMeter、JMeter 的核心组件，最后通过轻商城项目实例演示性能测试的基本流程。通过本章的学习，读者可以熟悉性能测试的种类与常用的性能测试指标，并掌握 JMeter 测试工具的使用。

● 第 6 章主要讲解 Web 自动化测试，包括自动化测试概述、自动化测试的常见技术、搭建自动化测试环境、Selenium 工具的基本应用，最后通过编写自动化测试脚本完成学成在线教育平台的部分功能测试。通过本章的学习，读者可以掌握 Web 自动化测试脚本的编写。

● 第 7 章主要讲解 App 测试，包括 App 测试概述、App 测试要点、搭建 App 测试环境和 Appium 的基本应用，最后使用 Appium 测试"学车不"App。通过本章的学习，读者可以掌握 App 的测试环境和测试要点。

● 第 8 章为一个综合项目，结合了前面介绍的软件测试基础、接口测试、性能测试、Web 自动化测试等知识点，帮助读者掌握测试企业级项目的相关技能。

在学习本书时，如果读者在理解知识点的过程中遇到困难，建议不要纠结于某个地方，可以先往后学习，随着学习的不断深入，前面看不懂的知识点一般就能理解了。如果读者在动手练习的过程中遇到问题，建议读者多思考，理清思路，认真分析问题发生的原因，并在问题解决后多总结。

◆ 致谢

本书的编写和整理工作由传智教育完成，主要参与人员有高美云、全建玲、王晓娟、孙东等，研发小组全体成员在近一年的编写过程中付出了辛勤的劳动，在此一并表示衷心的感谢。

◆ 意见反馈

尽管编者尽了最大的努力，但本书中难免会有疏漏和不妥之处，欢迎读者朋友来信给予宝贵意见，编者将不胜感激。读者在阅读本书时，如发现任何问题或不认同之处，可以通过电子邮件与编者联系。

请发送电子邮件至：itcast_book@vip.sina.com。

黑马程序员

2023 年 6 月于北京

目 录
CONTENTS

第 1 章

软件测试基础

★ 了解软件生命周期的划分，能够描述软件生命周期的 6 个阶段

★ 熟悉 5 个典型的软件开发模型，能够区分这 5 个软件开发模型

★ 了解软件质量的概述，能够描述什么是软件质量

★ 了解软件缺陷产生的原因，能够描述软件缺陷产生的 5 个主要原因

★ 熟悉软件缺陷的分类，能够从不同角度归纳软件缺陷的分类

★ 熟悉软件缺陷的处理流程，能够归纳软件缺陷处理流程的每个环节的内容

★ 了解常见的软件缺陷管理工具，能够列举 3 个常见的软件缺陷管理工具

★ 熟悉软件测试概述，能够归纳软件测试目的和分类的内容

★ 了解软件测试与软件开发的内容，能够描述两者之间的联系

★ 了解常见的软件测试模型，能够列举 4 个常见的软件测试模型

★ 熟悉软件测试的原则，能够归纳软件测试的 6 个基本原则

★ 熟悉软件测试的基本流程，能够归纳软件测试的 5 个基本流程

现在已经步入了"智能化时代"，人们的工作与生活已经离不开软件，每天都会与各种各样的软件打交道。软件与其他产品一样都有质量要求，要想保证软件产品的质量，除了要求开发人员严格遵守软件开发的规范外，最重要的手段就是软件测试。本章将对软件与软件测试的基础知识进行讲解。

1.1 软件概述

对于软件大家都不陌生，我们每天都会使用各种各样的软件，例如 Windows、微信、QQ 等。软件是相对于硬件而言的，它们是一系列按照特定顺序组织的计算机数据和指令的集合。

软件与其他产品一样，有一个从"出生"到"消亡"的过程，这个过程称为软件的生命周期。在软件的生命周期中，软件测试是非常重要的一个阶段。学习软件测试，必须要对软件的相关知识有一定的了解，本节将对软件生命周期、软件开发模型、软件质量进行详细讲解。

1.1.1 软件生命周期

软件生命周期分为多个阶段，每个阶段都有明确的任务，这样就使结构复杂、管理复杂的软件开发变得容易控制和管理。通常，可将软件生命周期划分为 6 个阶段，如图 1-1 所示。

图1-1 软件生命周期

图 1-1 中每个阶段的目标任务及含义具体如下。

第 1 阶段：问题定义。在该阶段中软件开发方与需求方共同讨论，主要确定软件的开发目标及其可行性。

第 2 阶段：需求分析。该阶段对软件需求进行更深入的分析，划分出软件需要实现的功能模块，并制作文档。需求分析在软件的整个生命周期中起着非常重要的作用，它直接关系到软件开发的成功率。在后期开发中，需求可能会发生变化，因此，在进行需求分析时，应考虑到需求的变化，以保证整个项目顺利进行。

第 3 阶段：软件设计。该阶段在需求分析的基础上，对整个软件系统进行设计，例如系统框架设计、数据库设计等。

第 4 阶段：软件开发。该阶段在软件设计的基础上，选择一种编程语言进行开发。在开发过程中，必须要制定统一的、符合标准的程序编写规范，以保证程序的可读性、易维护性和可移植性。

第 5 阶段：软件测试。该阶段的目标任务是在软件开发完成后对软件进行测试，以查找软件设计与软件开发过程中存在的问题并加以修正。软件测试阶段包括单元测试、冒烟测试、集成测试、系统测试和验收测试，测试可采用黑盒测试、白盒测试或者两者结合的方法。在测试过程中，为减少测试的随意性，需要制定详细的测试计划并严格遵守，测试完成之后，要对测试结果进行分析并将测试结果以文档的形式汇总。

第 6 阶段：软件维护。软件完成测试并投入使用之后，面对庞大的用户群体，软件可能无法满足用户的使用需求，此时就需要对软件进行维护升级以延续软件的使用寿命，软件维护包括纠错性维护和改进性维护 2 个方面。软件维护是软件生命周期中持续时间最长的阶段。

1.1.2 软件开发模型

软件测试工作与软件开发模型息息相关，在不同的软件开发模型中，测试的任务和作用也不相同，因此测试人员要充分了解软件开发模型，以便找准自己在其中的定位并明确自己的任务。

软件开发模型规定了软件开发应遵循的步骤，是软件开发的"导航图"，它能够清晰、直观地表达软件开发的全过程，以及每个阶段要进行的活动和要完成的任务。开发人员在选择开发模型时，要根据软件的特点、开发人员的参与方式选择稳定、可靠的开发模型。

自软件开发出现以来，软件开发模型也从最初的"边做边改"发展出了多个模型，下面根据软件开发模型的发展历史，介绍 5 个典型的开发模型。

1. 瀑布模型

瀑布模型采用从上至下一次性完成整个软件产品的开发的方式，该模型将软件开发过程分为 6 个阶段：计划→需求分析→软件设计→编码→测试→运行维护。瀑布模型的开发过程如图 1-2 所示。

图 1-2 中，软件开发的各项活动严格按照瀑布模型的开发过程进行，

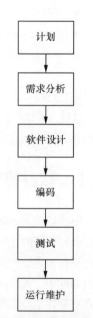

图1-2 瀑布模型的开发过程

当一个阶段的任务完成之后才能开始下一个阶段。软件开发的每一个阶段都要有结果产出，结果经过审核验证之后作为下一个阶段的输入，下一个阶段才可以顺利进行；如果结果审核验证不通过，则需要返回修改。

瀑布模型为整个项目划分了清晰的检查点，当一个阶段完成之后，只需要把全部精力放在后面的开发上即可。这有利于大型软件开发人员的组织管理及工具的使用与研究，可以提高开发的效率。

瀑布模型是按照线性方式进行的，无法适应用户的需求变更，用户只能等到最后才能看到开发成果，这增加了开发风险。如果开发人员与用户对需求的理解存在偏差，开发完成的最终成果与用户想要的成果可能会差之千里。

使用瀑布模型开发软件时，如果早期存在的缺陷在项目结束后才发现，此时再修补原来的缺陷需要付出巨大的代价。瀑布模型要求每一个阶段必须有结果产出，这就势必会增加文档的数量，使软件开发的工作量变大。

除此之外，对于现代软件来说，软件开发各阶段之间的关系大部分不会是线性的，很难使用瀑布模型开发软件，因此瀑布模型不再适合现代软件的开发，已经被逐渐废弃。

2. 快速原型模型

快速原型模型与瀑布模型正好相反，它在最初确定用户需求时快速构造出一个可以运行的软件原型，这个软件原型用于向用户展示待开发软件的全部或部分功能和性能，用户对该原型进行审核评价，然后给出更具体的需求意见，这样逐步丰富、细化需求，最后开发人员与用户达成最终共识，确定用户的真正需求。确定用户的真正需求之后，开始真正的软件开发。

搭建快速原型模型类似于建造房子，确定用户对房子的需求之后快速地搭建一个房子模型，由用户对房子模型进行评价，判断房子的样式、功能、布局等是否满足需求，看哪里需要改进，一旦确定了用户对房子的最终需求，就开始真正地建造房子。快速原型模型的开发过程如图 1-3 所示。

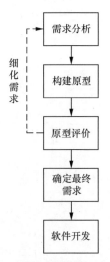

与瀑布模型相比，快速原型模型规避了需求不明确带来的风险，适用于不能预先确定需求的软件项目。快速原型模型的关键在于快速构建软件原型，但准确地设计出软件原型存在一定的难度，此外，这种开发模型也不利于开发人员对产品进行扩展。

3. 迭代模型

迭代模型又称为增量模型或演化模型，它将一个完整的软件拆分成不同的组件，然后对每个组件进行开发测试，每测试完一个组件就将结果展现给用户，确定此组件的功能和性能是否满足用户需求，最终确定无误后，将组件集成到软件体系结构中。整个开发工作被组织为一系列短期、简单的小项目，称为一系列迭代，每一个迭代都需要经过需求分析→软件设计→编码→测试的过程。迭代模型的开发过程如图 1-4 所示。

图 1-3　快速原型模型的开发过程

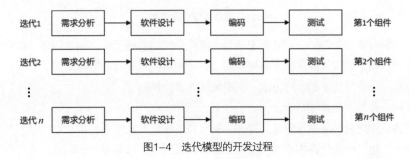

图 1-4　迭代模型的开发过程

图 1-4 中，迭代 1（即第 1 个组件）往往是软件基本需求的核心部分，第 1 个组件开发完成之后，经过

用户审核评价形成下一个组件的开发计划，包括核心产品的修改和新功能的发布，这样重复迭代直到实现最终完善的产品。

迭代模型可以很好地适应用户的需求变更，它以逐个组件的形式交付产品，用户可以经常看到产品，如果某个组件没有满足用户需求，则只需要更改这一个组件，这降低了软件开发的成本与风险。但是迭代模型需要将开发完成的组件集成到软件体系结构中，这样会有集成失败的风险，因此要求软件必须有开放式的体系结构。此外，迭代模型以逐个组件的形式开发、修改，很容易退化为"边做边改"的开发形式，从而失去对软件开发过程的整体控制。

4．螺旋模型

螺旋模型融合了瀑布模型和快速原型模型，它最大的特点是引入了其他模型所忽略的风险分析。如果项目不能排除重大风险，就停止项目从而减小损失，这种模型比较适用于开发复杂的大型软件。

螺旋模型将整个软件开发过程划分为几个不同的阶段，每个阶段按部就班地执行，这种划分采用了瀑布模型。每个阶段在开始之前都要进行风险分析，如果能消除重大风险则可以开始完成阶段任务。在每个阶段，首先构建软件原型，根据快速原型模型完成迭代过程，得到最终完善的产品，然后进入下一个阶段；同样在下一个阶段开始之前也要进行风险分析，这样循环往复直到完成所有阶段的任务。螺旋模型的若干个阶段是沿着螺线方向进行的，螺旋模型的开发过程如图 1-5 所示。

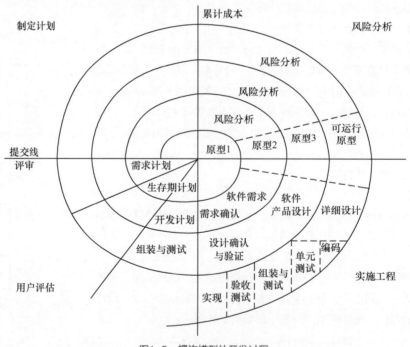

图1-5　螺旋模型的开发过程

图 1-5 中，一共有 4 个象限，分别是制定计划、风险分析、实施工程、用户评估，各象限的含义如下。

（1）制定计划：确定软件目标，制定实施方案，并且列出项目开发的限制条件。

（2）风险分析：评价所制定的实施方案，识别风险并消除风险。

（3）实施工程：开发产品并进行验证。

（4）用户评估：用户对产品进行审核、评估，提出修正建议，制定下一步计划。

在螺旋模型中，每一个迭代都需要经过这 4 个步骤，直到最后得到完善的产品，才可以进行提交。

螺旋模型强调了风险分析，这意味着对可选方案和限制条件都进行了评估，更有助于将软件质量作为特殊目标融入产品开发之中。螺旋模型以小分段构建大型软件，使成本计算变得简单，而且用户始终参与每个阶段的开发，保证了项目不偏离正确方向，也保证了项目的可控制性。

5. 敏捷模型

敏捷模型是 20 世纪 90 年代兴起的一种软件开发模型。在业务快速变换的环境下，开发人员往往无法在软件开发之前收集到完整且详尽的软件需求，没有完整的软件需求，使用传统的软件开发模型就难以开展工作。

为了解决这个问题，人们提出了敏捷模型，敏捷模型以用户的需求进化为核心，采用迭代、循序渐进的方式进行软件开发。在敏捷模型中，软件项目在构建初期被拆分为多个相互联系而又独立运行的子项目，然后开发人员迭代完成各个子项目。开发过程中，各个子项目都要经过开发测试。当用户有需求变更时，敏捷模型能够迅速地对某个子项目做出修改以满足用户的需求，在这个过程中，软件一直处于可使用的状态。

除了响应需求，敏捷模型还有一个重要的概念——迭代，即不断对产品进行细微、渐进式的改进，每改进一小部分都要进行评估，如果这部分的改进可行，再逐步扩大改进范围。在敏捷模型中，软件开发不再是线性的，开发的同时也会进行测试工作，甚至可以提前写好测试代码，因此对于敏捷模型，有"开发未动，测试先行"的说法。

另外，相比于传统的软件开发模型，敏捷模型更注重"人"在软件开发中的作用，参与项目的各部门人员应该紧密合作、快速有效地沟通（如面对面沟通），提出需求的用户可以全程参与到开发过程中，以适应软件频繁的需求变更。为此，敏捷模型描述了一套软件开发的原则，具体如下。

- 个体和交互重于过程和工具。
- 可用软件重于完备文档。
- 用户协作重于合同谈判。
- 响应变化重于遵循计划。

对于敏捷模型来说，并不是工具、文档等不重要，而是更注重人与人之间的交流和沟通。

敏捷模型可以及时响应用户的需求变更，不断适应新的趋势，但是在开发灵活的同时也带来了一定程度的混乱，例如，缺乏文档资料，软件旧版本部分功能的重现、回溯较为困难。对于较大的项目，参与开发的人员越多，有效沟通越困难，因此敏捷模型比较适用于小型项目的开发，而不太适用于大型项目的开发。

▎▎▎多学一招：敏捷模型的开发方式

敏捷模型主要有 2 种开发方式：Scrum（开发管理框架）与 Kanban（看板）。下面分别对这 2 种开发方式进行简单介绍。

1. Scrum

Scrum 是一个开发管理框架。在使用 Scrum 开发方式的团队中，一般会选出一个 Scrum Master（产品负责人）全面负责产品的开发过程。Scrum Master 把团队划分成不同的小组，把整个项目划分成细小的可交付成果的子项目，分别由不同的小组完成，并为各小组的工作划分优先级，估算每个小组的工作量。

在开发过程中，每个小组的工作都是一个固定时长的短周期迭代，开发短周期一般为 1 ~ 4 周。开发完成之后，经过一系列的测试、优化等，将产品集成，交付最终成果。

2. Kanban

Kanban 开发方式将工作细分成任务，将工作流程显示在"看板卡"上，每个人都能及时了解自己的工作任务和工作进度。Kanban 开发方式后来被引入软件开发中，每个开发人员都可以通过"看板卡"了解自己的工作任务和整个团队的工作进度，同时团队也可以根据每个成员的工作做出持续性、增量、渐进式的改变。

1.1.3 软件质量概述

软件与其他产品一样，都是有质量要求的。软件质量关系着软件使用程度和使用寿命，一款高质量的软件更受用户欢迎，它除了能满足用户的基本需求外，往往还能满足用户的隐式需求，即潜在的可能需要在将来开发的功能。下面分别从软件质量的概念、软件质量模型、影响软件质量的因素这3个方面介绍软件质量的相关知识。

1. 软件质量的概念

软件质量是指软件产品满足基本需求和隐式需求的程度。软件产品满足基本需求是指其能满足软件开发时所规定需求的特性，这是软件产品最基本的质量要求，其次是软件产品满足隐式需求的程度，例如，产品界面更美观、用户操作更简单等。

从软件质量的定义可知，为了开发高质量的软件，需要满足以下3个需求，具体如下。

（1）满足需求规定：软件产品符合开发者明确给定的目标，并且能可靠运行。

（2）满足用户基本需求：软件产品的需求是由用户给出的，软件开发最终的目的就是满足用户基本需求，解决用户的实际问题。

（3）满足用户隐式需求：软件产品除了满足用户的基本需求外，如果还能满足用户的隐式需求，将会极大地提升用户满意度，这就意味着软件质量更高。

所谓高质量的软件，除了满足上述需求外，对于内部人员来说，它应该也是易于维护与升级的。软件开发时，统一的符合标准的编码规范、清晰合理的代码注释、形成文档的需求分析、软件设计等资料对于软件后期的维护与升级都有很大的帮助，同时，这些资料也是软件质量的重要体现。

2. 软件质量模型

软件质量是使用者与开发者都比较关心的问题，但全面、客观地评价一款软件产品的质量并不容易，它并不像普通产品一样，可以通过直观的观察或简单的测量得出其质量是优还是劣。那么如何评价一款软件的质量呢？目前，通用的做法就是按照 ISO/IEC 9126:1991 国际标准进行评价。

ISO/IEC 9126:1991 是一个通用的评价软件质量的国际标准，它不仅对软件质量进行了定义，而且制定了软件测试的规范流程，包括测试计划的撰写、测试用例的设计等。ISO/IEC 9126:1991 软件质量模型如图 1-6所示。

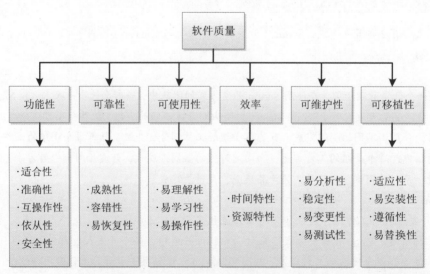

图1-6　ISO/IEC 9126:1991软件质量模型

图 1-6 所示的软件质量模型由 6 个特性和 21 个子特性组成，其中软件质量模型所包含的 6 个特性的具体含义如下。

（1）功能性：在指定条件下，软件产品满足用户基本需求和隐式需求的能力。

（2）可靠性：在指定条件下使用时，软件产品维持规定的性能级别的能力。

（3）可使用性：在指定条件下，软件产品被使用、理解、学习的能力。

（4）效率：在指定条件下，相对于所有资源的数量，软件产品可提供适当性能的能力。

（5）可维护性：指软件产品被修改的能力，修改包括修正、优化和功能规格变更的说明。

（6）可移植性：指软件产品从一个环境迁移到另一个环境的能力。

这 6 个特性及其子特性是软件质量标准的核心，软件测试工作就是根据这 6 个特性和 21 个子特性去测试、评价一款软件的。

▌▌▌ 多学一招：纸杯测试

"纸杯测试"是一个经典的测试案例，这是微软曾给软件测试面试者出的一道面试题，用于考察面试者对软件测试的理解和掌握程度。

测试项目：纸杯。

需求测试：查看纸杯说明书是否完整。

界面测试：观察纸杯的外观，例如表面是否光滑。

功能测试：用纸杯装水，观察是否漏水。

安全测试：纸杯是否有病毒或细菌。

可靠性测试：从不同高度扔下来，观察纸杯的损坏程度。

易用性测试：用纸杯盛放开水，检查纸杯是否烫手、纸杯是否易滑、是否方便饮用。

兼容性测试：用纸杯分别盛放水、酒精、饮料、汽油等，观察是否有渗漏现象。

可移植性测试：将纸杯放在温度、湿度等不同的环境中，查看纸杯是否还能正常使用。

可维护性测试：将纸杯揉捏变形，看其是否能恢复。

压力测试：用一根针扎在纸杯上，不断增加力量，记录用多大力时能穿透纸杯。

疲劳测试：用纸杯分别盛放水、汽油，放置 24 小时，观察其渗漏情况（时间和程度）。

跌落测试：让纸杯（加包装）从高处落下，记录可使其破损的高度。

震动测试：将纸杯（加包装）六面震动，评估它是否能应对恶劣环境下的公路/铁路/航空运输等。

测试数据：编写具体测试数据（略），其中可能会用到场景法、等价类划分法、边界值分析法等测试方法。

期望输出：需要查阅国际标准及用户的使用需求。

用户文档：使用手册是否对纸杯的用法、使用条件、限制条件等进行了详细描述。

说明书测试：检查纸杯说明书的正确性、准确性和完整性。

3. 影响软件质量的因素

现代社会处处离不开软件，为保证人们的生活和工作正常、有序地进行，要严格控制软件的质量。由于软件自身的特点和目前的软件开发模式存在不足，隐藏在软件内部的质量缺陷无法完全被根除，所以每一款软件都会存在一些质量问题。影响软件质量的因素有很多，下面介绍 4 种比较常见的影响因素。

（1）需求模糊

在软件开发之前，确定用户需求是一项非常重要的工作，它是后面软件设计与软件开发的基础，也是最后软件验收的标准。但是用户需求是不可视的，往往也说不清楚，导致产品设计、开发人员与用户之间存在一定的理解误差。开发人员对用户的真正需求不明确，导致开发出的产品与实际需求不符，这势必会影响软件的质量。

除此之外，在开发过程中用户往往会多次变更需求，导致开发人员频繁地修改代码，同时会导致软件设计存在不能调和的误差，最终影响软件的质量。

（2）软件开发缺乏规范性文件的指导

现代软件开发中，大多数团队都将精力放在开发成本和开发周期上，而不太重视团队成员的工作规范，导致团队成员开发"随意性"比较大，这也会影响软件质量，导致后期维护困难。而且一旦最后软件出现质量问题，也很难定责。

（3）软件开发人员的问题

软件是由开发人员开发出来的，因此开发人员的技术水平对产品质量的影响非常大。除了个人技术水平限制外，还包括人员流动的影响。新成员可能会接着上一任的产品继续开发下去，两个人的思维意识、技术水平等会有所不同，导致软件开发前后不一致，进而影响软件质量。

（4）缺乏软件质量的控制、管理

在软件开发行业，并没有一个量化的指标去衡量一款软件的质量，软件开发的管理人员往往更易管控软件的开发成本和进度，毕竟这是显而易见的，并且是可以度量的。但软件质量则不同，软件质量无法用具体的量化指标去度量，因此很少有人关心软件最终的质量。

1.2 软件缺陷管理

1.1 节已经提到，软件由于其自身的特点和目前的开发模式存在不足，无法根除隐藏在软件内部的缺陷。软件测试工作就是查找软件中存在的缺陷，将其反馈给开发人员使之得以修改，从而确保软件的质量，因此软件测试要求测试人员对软件缺陷有深入理解。本节将对软件缺陷的相关知识进行详细讲解。

1.2.1 软件缺陷产生的原因

软件缺陷就是通常所说的 bug，它是指软件（包括程序和文档）中存在的影响软件正常运行的问题。IEEE（Institute of Electrical and Electronics Engineers，电气电子工程师学会）729–1983 标准中给出了软件缺陷的标准定义：从产品内部看，缺陷是产品开发或维护过程中存在的错误、问题等；从产品外部看，缺陷是系统运行过程中某种功能的失效。

软件缺陷的产生主要是由软件产品的特点和开发过程决定的，例如需求不清晰、需求频繁变更、开发人员水平有限等。归结起来，软件缺陷产生的原因主要有以下 5 点。

（1）需求不明确

用户需求不清晰或者开发人员对需求的理解不明确，导致软件在设计时偏离用户的需求目标，造成软件功能或特征上的缺陷。此外，在开发过程中，用户频繁变更需求也会影响软件最终的质量。

（2）软件结构复杂

如果软件结构比较复杂，很难设计出具有很好层次结构或组件结构的框架，就会导致软件在开发、扩充、系统维护上出现困难。即使能够设计出很好的框架，复杂的系统在实现时也会隐藏着未知的相互作用，从而导致隐藏的软件缺陷。

（3）编码问题

在软件开发过程中，开发人员水平参差不齐，再加上开发过程中缺乏有效的沟通和监督，问题累积得越来越多，如果不能逐一解决这些问题，会导致最终软件中存在很多缺陷。

（4）项目期限短

现在大部分软件产品的开发周期都相对较短，开发团队要在有限的时间内完成软件产品的开发，压力非常大，因此部分开发人员在开发过程中处于疲劳和压力较大的状态。在这样的状态下，开发人员对待软件缺陷的态度是"非严重就不解决"。

（5）使用新技术

如今的技术发展日新月异，使用新技术进行软件开发时，新技术本身存在不足或开发人员对新技术掌握不精，都会影响软件产品的开发过程，导致软件存在缺陷。

1.2.2　软件缺陷的分类

软件缺陷有很多，从不同的角度可以将软件缺陷划分为不同的种类，具体划分如下。

1. 按照测试种类划分

按照测试种类可以将软件缺陷划分为界面缺陷、功能缺陷、性能缺陷、安全性缺陷、兼容性缺陷等。

2. 按照缺陷的严重程度划分

按照缺陷的严重程度可以将软件缺陷划分为严重缺陷、一般缺陷、次要缺陷、建议缺陷。

3. 按照缺陷的优先级划分

按照缺陷的优先级不同可以将软件缺陷划分为立即解决缺陷、高优先级缺陷、正常排队缺陷、低优先级缺陷。

4. 按照缺陷的发生阶段划分

按照缺陷的发生阶段不同可以将软件缺陷划分为需求阶段缺陷、架构阶段缺陷、设计阶段缺陷、编码阶段缺陷、测试阶段缺陷。

1.2.3　软件缺陷的处理流程

软件测试过程中，几乎每个公司都制定了软件的缺陷处理流程，每个公司的软件缺陷处理流程不尽相同，但是它们遵循的最基本流程通常是一样的，都要经过提交、分配、确认、处理、复测、关闭等环节，软件缺陷的处理流程如图 1-7 所示。

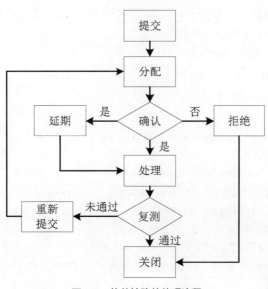

图1-7　软件缺陷的处理流程

图 1-7 所示的软件缺陷处理流程的具体介绍如下。

（1）提交：测试人员发现缺陷之后，将缺陷提交给测试组长。

（2）分配：测试组长接收到测试人员提交的缺陷之后，将其移交给开发人员。

（3）确认：开发人员接收到移交的缺陷之后，会与团队甚至测试人员一起商议，确定其是否是一个缺陷。

（4）拒绝/延期：如果经过商议之后，发现其不是一个真正的缺陷，则拒绝处理此缺陷，对其进行关闭处理。如果经过商议之后，确定其是一个真正的缺陷，则可以根据缺陷的严重程度或优先级等立即处理或延期处理。

（5）处理：开发人员修改缺陷。

（6）复测：开发人员修好缺陷之后，测试人员重新进行测试（复测），检测缺陷是否已经修改。如果未被正确修改，则重新提交缺陷。

（7）关闭：测试人员重新测试之后，如果缺陷已经被正确修改，则将缺陷关闭，整个缺陷处理完成。

‖‖‖ 多学一招：软件缺陷报告

在实际软件测试过程中，测试人员在提交软件测试时都会按照公司规定的模板将缺陷的详细情况记录下来并生成软件缺陷报告。每个公司的软件缺陷报告模板通常并不相同，但一般都会包括缺陷的ID、类型、严重程度、优先级，以及测试环境等，有时还会有测试人员的建议。

下面以掌上问答软件为例，编写一份软件缺陷报告。假如掌上问答软件的登录功能存在缺陷，测试人员在测试时发现当输入的用户名超过 10 个字符时就提示用户名不正确，导致用户无法登录成功。针对此缺陷，测试人员按软件缺陷报告模板编写了一份软件缺陷报告，如表 1-1 所示。

表 1-1　软件缺陷报告

缺陷 ID	22000114
测试软件名称	掌上问答
测试软件版本	2.9.1
缺陷发现日期	20220301
测试人员	张三、李四
缺陷描述	该版本软件超过 10 个字符的用户名可以注册成功，但不能登录成功。当使用超过 10 个字符的用户名登录时，会显示用户名不正确的提示
附件（可附图）	（可上传提示出错的相应图片）
缺陷类型	功能类缺陷
缺陷严重程度	严重
缺陷优先级	立即解决
测试环境	处理器：Intel®Core™i3-4160 CPU@3.6GHz； 内存：8.0GB； 系统类型：Windows 10 64 位操作系统
重现步骤	（1）进入软件注册界面，注册用户，用户名为"zhangzhongbao"，单击"确认"按钮完成注册； （2）进入软件登录界面，输入用户名"zhangzhongbao"及相应密码进行登录，单击"登录"按钮，提示用户名不正确； （3）使用用户名"zhangzhong"登录，显示登录成功
备注	在登录时使用不同长度、不同内容的字符串测试，结果相同，超过 10 个字符的用户名能注册成功，但登录不成功

在编写软件缺陷报告时要注意以下事项。

- 每个缺陷都有一个唯一的 ID，这是缺陷的标识。
- 缺陷要有重现步骤。
- 一个缺陷生成一份报告。
- 软件缺陷报告要整洁、完整。

1.2.4　常见的软件缺陷管理工具

软件缺陷管理是软件开发项目中一个很重要的环节，选择一个好的软件缺陷管理工具可以有效地提高软件项目的进度。软件缺陷管理工具有很多，有免费的，也有收费的。下面介绍 3 个比较常用的软件缺陷管理工具。

1. Bugzilla

Bugzilla 是 Mozilla 公司提供的一款免费的软件缺陷管理工具。Bugzilla 能够建立一个完整的缺陷跟踪体系，包括缺陷跟踪、记录、缺陷报告、解决情况等。

使用 Bugzilla 管理软件缺陷时，测试人员可以在 Bugzilla 上提交缺陷报告，Bugzilla 会将缺陷转给相应的开发者。开发者可以使用 Bugzilla 做一个工作表，标明要做的事情的优先级、时间安排和跟踪记录。

2. 禅道

禅道是一款优秀的国产项目管理软件，它集产品管理、项目管理、质量管理、缺陷管理、文档管理、组织管理和事务管理于一体，是一款功能完备的项目管理软件，完美地覆盖了项目管理的核心流程。

禅道分为专业和开源 2 个版本，专业版是收费软件，开源版是免费软件。对于日常的项目管理，开源版已经足够使用。

3. Jira

Jira 是 Atlassian 公司开发的项目与事务跟踪工具，被广泛用于缺陷跟踪、用户服务、需求收集、流程审批、任务跟踪、项目跟踪和敏捷管理等工作领域。Jira 配置灵活、功能全面、部署简单、扩展丰富、易用性好，是目前比较流行的基于 Java 架构的管理工具。

Jira 软件有 2 个认可度很高的特色：一个是 Atlassian 公司为开源项目提供免费缺陷跟踪服务；另一个是用户在购买 Jira 软件的同时将源代码也一并购置，便于做二次开发。

1.3　软件测试概述

在信息技术飞速发展的时代，各种各样的软件产品越来越多，各个行业的发展都已经离不开软件，为保证软件产品的质量，软件测试工作越来越重要。但是有很多读者对软件测试的基础知识还不是很了解，本节将对软件测试的简介、目的和分类进行详细讲解。

1.3.1　软件测试简介

在早期的软件开发中，软件大多是结构简单、功能有限的小规模软件，那个时候的测试就等同于调试。随着计算机软件技术的发展，调试慢慢成为软件开发中不可或缺的工作内容，很多开发工具都集成了一些调试工具，但这个时候的调试倾向于解决编译和单个方法的问题。

20 世纪 50 年代左右，随着软件规模越来越大，人们逐渐意识到仅仅依靠调试还不够，还需要验证接口逻辑、功能模块、不同功能模块之间的耦合等，因此需要引入一个独立的测试组织进行独立的测试。在这个阶段，人们往往将开发完成的软件产品进行集中测试，由于还没有形成测试方法论，对软件测试也没有明确定位与深入思考，测试主要是靠猜想和推断，因此测试方法比较简单，软件交付后还是存在大量问题。

经历了这一阶段，人们慢慢开始思考软件测试的真正意义。1973年，黑泽尔（Hetzel）博士率先给出了软件测试的定义：软件测试是对程序或系统能否完成特定任务建立信心的过程。这个观点在一段时间内比较盛行，但随着软件质量概念的提出，它又变得不太适用。1983年，Heztel博士对其进行了修改：软件测试是一项鉴定程序或系统的属性或能力的活动，其目的在于保证软件产品的质量。思想一旦爆发，就会呈现出百家争鸣的景象，这一时期，很多软件相关人员都给出了自己对软件测试的理解与定义。

G.J.梅耶斯（G.J.Meyers）博士认为"软件测试是为了寻找错误而执行程序的过程"，相对于测试是为了证明程序中不存在错误，他的观点是正确的。

1983年，IEEE在北卡罗莱纳大学召开了首次关于软件测试的技术会议，并对软件测试进行了如下定义：软件测试是使用人工或自动手段运行或测定某个系统的过程，其目的在于检验它是否满足规定的需求或是弄清楚预期结果与实际结果之间的差异。

IEEE定义的软件测试非常明确地提出了测试是为了检验软件是否满足需求，它是一个需要经过设计、开发和维护等完整阶段的过程。

此后，软件测试便进入了一个全新的时期，形成了各种测试理论与测试技术，测试工具也开始被广泛使用，慢慢地形成了一个专门学科。

虽然软件测试得到了长足的发展，但相比于软件开发，它的发展还相对不足。测试工作几乎全部在软件功能模块完成或者整个软件产品完成之后才开始进行，在发现软件缺陷之后，开发人员再进行修改，会消耗大量的人力、物力。20世纪90年代后兴起的软件开发模型——敏捷模型，促使人们对软件测试重新进行了思考，更多的人倾向于软件开发与软件测试的融合，即不再是在软件完成之后再进行测试，而从软件需求分析阶段，测试人员就参与其中，了解整个软件的需求、设计等，测试人员甚至可以提前开发测试代码，即在敏捷模型中所提到的"开发未动，测试先行"。软件开发与软件测试融合后，虽然两者的界限变得模糊，但软件开发与软件测试的工作效率都得到了极大的提高，这种工作模式至今依然盛行。

归结起来，软件测试的发展过程如图1-8所示。

图1-8　软件测试的发展过程

如今，随着人工智能与大数据时代的到来，软件测试受到越来越多的重视，但现在软件测试工作依然沿用20世纪的方法理论与思想成果，并没有突破性、革命性的进展。未来，随着软件开发模型与技术的发展，软件测试的思想与方法势必也会出现里程碑式的变化，因此，需要更多热爱软件测试的人员积极投入研究，与时俱进，不断学习和更新自身的知识和技能，以适应现代社会的需求，保证软件质量和用户体验。

1.3.2　软件测试的目的

软件测试的目的可能大家都能随口说出，例如查找程序中的错误、保证软件质量、检验软件是否符合用户需求等，但这些说法比较片面，它们只是笼统地对软件测试的目的进行了概括。从软件开发、软件测试与用户需求的角度，可以将软件测试的目的归结为以下3点。

1．从软件开发的角度

从软件开发角度来说，软件测试通过找到的缺陷帮助开发人员找到开发过程中存在的问题，包括软件开发的模式、工具、技术等方面存在的问题，从而预防缺陷的产生。

2．从软件测试的角度

从软件测试角度来说，主要目的是使用最少的人力、物力、时间等找到软件中隐藏的缺陷，保证软件的质量，也为以后的软件测试积累丰富的经验。

3．从用户需求的角度

从用户需求角度来说，软件测试能够检验软件是否符合用户需求，对软件质量进行评估和度量，可为用户评审软件提供有力的依据。

1.3.3　软件测试的分类

目前，软件测试已经形成一个完整的、体系庞大的学科，不同的测试领域都有不同的测试方法与名称。很多读者可能听过黑盒测试、白盒测试、冒烟测试、单元测试等，其实它们是按照不同的分类方法划分的测试方法。按照不同的分类标准可以将软件测试分为很多不同的种类。

1．按照测试阶段分类

按照测试阶段可以将软件测试分为单元测试、冒烟测试、集成测试、系统测试和验收测试。这种分类方式与软件开发过程相契合，用于检验软件开发各个阶段是否符合要求。

（1）单元测试

单元测试是软件开发的第一步测试，目的是验证软件单元是否符合用户需求与设计需求。单元测试大多是开发人员进行的自测。

（2）冒烟测试

冒烟测试最初是从电路板测试得来的，当电路板做好以后，首先会加电测试，如果电路板没有冒烟再进行其他测试，否则就必须在重新设计后再次测试。后来这种测试理念被引入软件测试中。在软件测试中，冒烟测试是指软件构建版本建立后，对系统的基本功能进行简单的测试，这种测试重点验证的是软件的主要功能，而不会对具体功能进行深入测试。如果测试未通过，需要返回给开发人员进行修正；如果测试通过则再进行其他测试。因此，冒烟测试是对新构建版本软件进行的最基本的测试。

（3）集成测试

集成测试是冒烟测试之后进行的测试，它是指将已经测试过的软件单元组合在一起并测试它们之间的接口，用于验证软件是否满足设计需求。

（4）系统测试

系统测试将经过测试的软件放在实际环境中运行，并将其与其他系统的成分（如数据库、硬件和操作人员等）组合在一起进行测试。

（5）验收测试

验收测试的目的主要是对软件产品说明进行验证，即逐行逐字地按照说明书的描述对软件产品进行测试，确保其符合用户的各项要求。

2．按照测试技术分类

按照使用的测试技术可以将软件测试分为黑盒测试、白盒测试和灰盒测试。

（1）黑盒测试

黑盒测试又叫功能测试、数据驱动测试、基于需求规格说明书的功能测试，它把软件当作一个有输入与输出的"黑匣子"，只要输入的数据能输出预期的结果即可，不必关心软件内部是怎样实现的，注重于测试软件的功能性需求。黑盒测试如图1-9所示。

（2）白盒测试

白盒测试又叫透明盒测试、结构测试、逻辑驱动测试或基于代码的测试，它是指测试人员了解软件程序的逻辑结构、路径和运行过程，在测试时，按照程序的执行路径得出结果。白盒测试把软件（程序）当作一个透明的"盒子"，测试人员清楚地知道从输入到输出的每一步过程。白盒测试如图1-10所示。

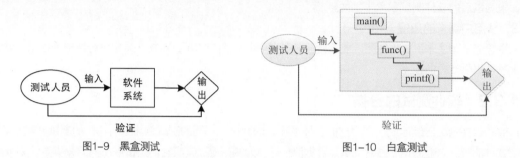

图1-9　黑盒测试　　　　　　　　　　图1-10　白盒测试

（3）灰盒测试

灰盒测试是介于黑盒测试与白盒测试之间的一种软件测试方法，它由方法和工具组成，这些方法和工具取决于应用程序内部交互的环境。灰盒测试通常用于集成测试阶段，测试人员在使用灰盒测试方法时，不仅需要关注输入、输出的正确性，而且需要关注程序内部的情况，通常根据一些现象、事件、标志来判断内部的运行状态。

相对于黑盒测试来说，白盒测试对测试人员的要求会更高一点，它要求测试人员具有一定的编程能力，而且要熟悉各种脚本语言。但是在企业中，黑盒测试与白盒测试并不是界限分明的，在测试一款软件时往往将黑盒测试与白盒测试相结合对软件进行完整、全面的测试。灰盒测试虽然没有白盒测试详细、完整，但是比黑盒测试更关注程序的内部逻辑，能够用于黑盒测试以提高测试的效率。

3. 按照软件质量特性分类

按照软件质量特性可以将软件测试分为功能测试和性能测试。

（1）功能测试

功能测试是指测试软件的功能是否满足用户的需求，包括准确性、易用性、适合性、互操作性等。

（2）性能测试

性能测试是指测试软件的性能是否满足用户的需求，包括负载测试、压力测试、兼容性测试、可移植性测试和健壮性测试等。

4. 按照自动化程度分类

按照自动化程度可以将软件测试分为人工测试和自动化测试。

（1）人工测试

人工测试是测试人员编写与执行测试用例的过程。人工测试比较耗时、费力，而且测试人员如果在疲惫状态下，很难保证测试的效果。

（2）自动化测试

自动化测试是指借助脚本、自动化测试工具等完成相应的测试工作，它也需要人工的参与，但是它可以将要执行的测试代码或流程写成脚本，通过执行脚本完成整个测试工作。

5. 按照测试项目分类

按照测试项目可以将软件测试分为界面测试、功能测试、性能测试、安全性测试、文档测试等，其中功能测试和性能测试前面已经介绍过，下面主要介绍其他几种测试。

（1）界面测试

界面测试是指验证软件界面是否符合用户需求，包括界面布局是否美观、按钮是否齐全等。

（2）安全性测试

安全性测试是指测试软件在受到没有授权的内部或外部用户的攻击或恶意破坏时如何进行处理，是否能保证软件与数据的安全。

（3）文档测试

文档测试以需求分析说明书、软件设计文档、用户手册、安装手册为主，主要验证文档说明与实际软件情况之间是否存在差异。

6. 其他分类

还有一些软件测试无法具体归到哪一类，但在测试行业中也会经常进行这些测试，例如 α 测试、β 测试、回归测试、随机测试等。具体介绍如下。

（1）α 测试

α 测试是指对软件最初版本进行测试。软件最初版本一般不对外发布，在上线之前，由开发人员和测试人员或者用户协助进行测试。测试人员记录软件最初版本在使用过程中出现的错误和问题，整个测试过程是可控的。

（2）β 测试

β 测试是指对上线之后的软件版本进行测试，此时软件已上线发布，但发布的版本中可能会存在较小的 bug，由用户在使用过程中发现错误和问题并进行记录，然后反馈给开发人员进行修复。

> **小提示：**
>
> 按照软件开发版本周期进行划分，可以将软件测试分为预览版本Pre-α测试、内部测试版本α测试、公测版本β测试、候选版本 Release 测试。在这些测试完成之后产品就可以正式上线发布了。

（3）回归测试

当测试人员发现缺陷以后，会将缺陷提交给开发人员，开发人员对程序进行修改；修改之后，测试人员会对修改后的程序重新进行测试，确认原有的缺陷已经消除并且没有引入新的缺陷，这个重新测试的过程称为回归测试。回归测试是软件测试工作中非常重要的一部分，软件开发的各个阶段都会进行多次回归测试。

（4）随机测试

随机测试是没有测试用例、检查列表、脚本或指令的测试，它主要根据测试人员的经验对软件进行功能和性能抽查。随机测试是根据测试用例说明书执行测试用例的重要补充手段，是保证测试覆盖完整性的有效方式。

1.4　软件测试与软件开发

软件开发与软件测试都是软件项目非常重要的组成部分，软件开发用于生产、制造软件产品，软件测试用于检验软件产品是否合格，两者密切结合才能保证软件产品的质量。

1.4.1　软件测试与软件开发的关系

软件中出现的问题并不一定都是由编码引起的，软件在编码之前都会经过问题定义、需求分析、软件设计（概要设计与详细设计）等阶段，软件中的问题也可能是由前期阶段引起的，例如需求不清晰、软件设计纰漏等。因此在软件项目的各个阶段进行测试是非常有必要的，测试人员应从软件项目计划开始就参与其中，以了解整个项目的过程，及时查找软件中存在的问题，改善软件的质量。软件测试在项目各个阶段的作用如下。

- 项目计划阶段：负责从单元测试到系统测试的整个测试阶段的监控。
- 需求分析阶段：确定测试需求，即确定在项目中需要测试什么，同时制定系统测试计划。
- 概要设计与详细设计阶段：制定单元测试计划和集成测试计划。
- 编码阶段：开发相应的测试代码和测试脚本。
- 测试阶段：实施测试并提交相应的测试报告。

软件测试贯穿软件项目的整个过程，但它的实施过程与软件开发的并不相同。软件开发是自顶向下、逐步细化的过程，除此之外，软件开发中的计划阶段的任务是定义软件作用域，软件需求分析阶段的任务是确定软件信息域、功能和性能需求等，软件设计阶段的任务是选定编程语言、设计模块接口等。

软件测试与软件开发的实施过程相反，它是自底向上、逐步集成的过程。首先进行单元测试，排除模块内部逻辑与功能上的缺陷，然后按照软件设计将模块集成并进行集成测试，检测子系统或系统结构上的错误，最后运行完整的系统，进行系统测试，检验其是否满足用户需求。

软件测试与软件开发的关系如图1-11所示，其中图1-11（b）为图1-11（a）的细化。

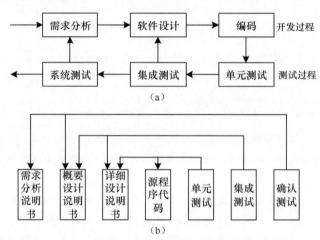

图1-11　软件测试与软件开发的关系

1.4.2　常见的软件测试模型

在软件开发过程中，人们根据经验教训并结合未来软件的发展趋势总结出了很多软件开发模型，例如瀑布模型、快速原型模型、迭代模型等，这些模型对软件开发过程具有很好的指导作用，但遗憾的是它们并没有对软件测试给予足够的重视，利用这些模型无法很好地指导软件测试工作。

软件测试是与软件开发紧密相关的一系列有计划的活动，是保证软件质量的重要手段，因此人们又相继设计了很多软件测试模型用于指导测试工作。软件测试模型兼顾了软件开发过程，将软件开发和测试进行了很好的融合，它既明确了软件开发与测试之间的关系，又使测试过程与开发过程产生交互，是测试工作的重要参考依据。

软件测试模型对测试工作具有指导作用，对测试效果与质量都有很大的影响，很多测试专家在实践中不断改进创新，创建了很多实用的软件测试模型。下面介绍4种比较重要的软件测试模型。

1. V模型

V模型在20世纪80年代被提出，它是软件测试模型中最具有代表性的模型之一。V模型在瀑布模型的基础上进行了改变，在瀑布模型的后半部分添加了测试工作，V 模型如图 1-12 所示。

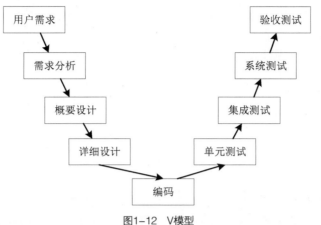

图1-12　V模型

　　V 模型描述了基本的开发过程与测试过程，主要反映了测试活动分析与设计之间的关系。它非常明确地表明了测试过程所包含的不同级别的测试，以及测试各阶段与开发各阶段的对应关系。V 模型的左边是自上而下、逐步细化的开发过程，右边是自下而上、逐步集成的过程，这也符合软件开发与软件测试的关系。

　　V 模型应用瀑布模型的思想将复杂的测试工作分成了目标明确的小阶段来完成，具有阶段性、顺序性和依赖性，它既包含对源代码的底层测试也包含对软件需求的高层测试。但是 V 模型也有一定的局限性，它只有在编码之后才能开始测试，早期的需求分析等前期工作没有涵盖其中，因此它不能发现需求分析等早期阶段的错误，这为后期的系统测试、验收测试埋下了隐患。

2. W 模型

　　W 模型是由 V 模型演变而来的，它强调测试应伴随着整个软件生命周期。其实 W 模型是一个双 V 模型，软件开发是一个 V 模型，而软件测试是与软件开发同步进行的另一个 V 模型，W 模型如图 1-13 所示。

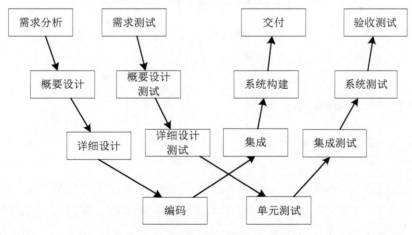

图1-13　W模型

　　W 模型的测试范围不仅包括程序，而且包括需求分析、概要设计、详细设计等前期工作，这样有利于尽早、全面地发现问题。但是 W 模型也有自己的局限性，它将软件开发过程分成需求分析、设计、编码、集成等一系列的串行活动，无法支持迭代、自发性等需要变更调整的项目。

3. H 模型

　　为了解决 V 模型与 W 模型存在的问题，有专家提出了 H 模型，H 模型将测试活动完全独立出来，形成一个完全独立的流程，这个流程将测试准备活动和测试执行活动清晰地体现出来。测试流程和其他工作流程是并发执行的，只要某一个工作流程的条件成熟就可以开始进行测试，例如在概要设计流程中完成一个测试，H 模型如图 1–14 所示。

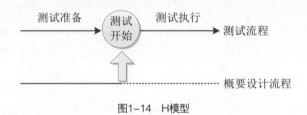

图1–14 H模型

图 1–14 只体现了软件生命周期中概要设计层次上的一个测试"微循环"。在 H 模型中，测试级别不存在严格的次序关系，软件生命周期的各阶段的测试工作可以反复触发、迭代，即不同的测试可以反复迭代进行。在实际测试工作中，H 模型并无太大指导意义，读者应重点理解其中的设计意义。

4. X 模型

X 模型的设计原理是将程序分成多个片段反复迭代测试，然后将多个片段集成再进行迭代测试，X 模型如图 1–15 所示。

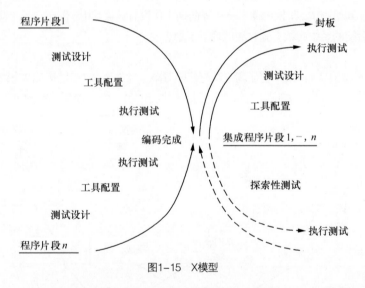

图1–15 X模型

X 模型左边描述的是针对单独程序片段进行的相互分离的编码和测试，多个程序片段进行频繁的交接，在 X 模型的右上部分，将多个片段集成为一个可执行的程序再进行测试。通过集成测试的产品可以进行更大规模的集成，也可以进行封装提交给用户。

在 X 模型的右下部分还设置了探索性测试，它能够帮助有经验的测试人员发现更多测试计划之外的软件缺陷，但这对测试人员的要求会高一些。

上面共介绍了 4 种软件测试模型，在实际测试工作中，测试人员更多的是结合 W 模型与 H 模型进行工作，软件各个方面的测试内容以 W 模型为准，而测试周期、测试计划和进度以 H 模型为指导。X 模型更多是作为最终测试、熟练性测试的模板，例如对一个业务进行的测试已经有 2 年时间，可以使用 X 模型进行模块化的、探索性的方向测试。

1.5　软件测试的原则

软件测试经过几十年的发展，人们提出了很多测试的基本原则用于指导软件测试工作。软件测试的基本原则有助于提高测试工作的效率和质量，能让测试人员以最少的人力、物力、时间等尽早发现软件中存在的问题，测试人员应该在测试原则的指导下进行测试工作。下面介绍一下软件测试行业公认的 6 个基本原则。

1. 测试应基于用户需求

所有的测试工作都应该建立在满足用户需求的基础上。从用户角度来看，最严重的错误就是软件无法满足需求。有时候，软件产品的测试结果非常完美，但不是用户最终想要的产品，那么软件产品的开发就是失败的，而测试工作也是没有任何意义的。因此测试应依照用户的需求配置环境并且按照用户的使用习惯进行，以及给出评价结果。

2. 测试要尽早进行

软件的错误存在于软件生命周期的各个阶段，因此应该尽早开展测试工作，把软件测试贯穿到软件生命周期的各个阶段中，这样测试人员能够尽早地发现和预防错误，降低错误修复的成本。尽早地开展测试工作有利于帮助测试人员了解软件产品的需求和设计，从而预测测试的难度和风险，制定出完善的计划和方案，提高测试的效率。

3. 不能做到穷尽测试

由于时间和资源的限制，进行完全（各种输入和输出的全部组合）的测试是几乎不可能的，测试人员可以根据测试的风险和优先级等确定测试的关注点，从而控制测试的工作量，在测试成本、风险和收益之间求得平衡。

4. 遵循 GoodEnough 原则

GoodEnough 原则是指测试的投入与产出要适当平衡，形成充分的质量评估过程，这个过程建立在测试付出的代价之上。测试不充分无法保证软件产品的质量，但测试投入过多会造成资源的浪费。随着测试资源投入的增加，测试的产出也是增加的，但当投入达到一定的比例后，测试的效果就不会明显增强了。因此在测试时要根据实际要求和产品质量考虑测试的投入，最好使测试的投入与产出达到一个足够好的状态。

5. 测试缺陷要符合"二八"定理

缺陷的"二八"定理也称为 Pareto 原则、缺陷集群效应。一般情况下，软件中 80% 的缺陷会集中在 20% 的模块中，缺陷并不是均匀分布的。因此在测试时，要抓住主要矛盾，如果发现某些模块比其他模块具有更多的缺陷，则要投入更多的人力、精力重点测试这些模块以提高测试效率。

6. 避免缺陷免疫

我们都知道虫子的抗药性原理，即一种药物使用久了，虫子就会产生抗药性，而在软件测试中，缺陷也是会产生免疫性的。同样的测试用例被反复使用，其发现缺陷的能力就会越来越差；测试人员对软件越熟悉越会忽略一些看起来比较小的问题，发现缺陷的能力也越差，这种现象被称为软件测试的"杀虫剂"现象。它的产生主要是由于测试人员没有及时更新测试用例或者是对测试用例和测试对象过于熟悉，形成了思维定势。

要想应对这种情况，就要不断对测试用例进行修改和评审，不断增加新的测试用例。同时，测试人员也要发散思维，不能只是为了完成测试任务而做一些输入、输出的对比。

最后要说的是，没有缺陷的软件是不存在的，软件测试是为了找出软件中的缺陷，而不是为了证明软件没有缺陷。

1.6　软件测试的基本流程

软件测试与软件开发一样，是一个比较复杂的工作过程，如果无章法可循，随意进行测试势必会造成测试工作的混乱。为了使测试工作标准化、规范化，并且快速、高效、高质量地完成测试工作，需要制定完整且具体的测试流程。

1.6.1　软件测试的流程

不同类型的软件产品测试的方式和重点不一样，测试流程也会不一样。同样类型的软件产品，不同公司所制定的测试流程也会不一样。虽然不同软件的详细测试步骤不同，但它们所遵循的基本的测试流程通常是一样的，即分析测试需求→制定测试计划→设计测试用例→执行测试→编写测试报告。下面对软件测试的基本流程进行简单介绍。

1. 分析测试需求

测试人员在制定测试计划之前需要先对用户需求进行分析，以便对要开发的软件产品有一个清晰的认识，从而明确测试对象及测试工作的范围和测试重点。在分析需求时还可以获取一些测试数据，将其作为制定测试计划的基本依据，为后续的测试打好基础。

分析测试需求其实也是对用户需求进行测试，测试人员可以发现用户需求中不合理的地方，例如需求描述是否完整、准确、无歧义，以及需求优先级安排是否合理等。测试人员一般会根据软件开发需求文档制作一个需求规格说明书检查列表，按照各个检查项对用户需求进行分析、校验。软件需求规格说明书检查列表如表 1-2 所示。

表 1-2　软件需求规格说明书检查列表

序号	检查项	检查结果	说明
1	是否覆盖了用户提出的所有需求项	是【 】否【 】NA【 】	
2	用词是否准确、语义是否存在歧义	是【 】否【 】NA【 】	
3	是否清楚地描述了软件需要做什么以及不做什么	是【 】否【 】NA【 】	
4	是否描述了软件的目标环境，包括软硬件环境	是【 】否【 】NA【 】	
5	是否对需求项进行了合理的编号	是【 】否【 】NA【 】	
6	需求项是否前后一致、彼此不冲突	是【 】否【 】NA【 】	
7	是否清楚地说明了软件的每个输入、输出格式，以及输入与输出之间的对应关系	是【 】否【 】NA【 】	
8	是否清晰地描述了软件系统的性能要求	是【 】否【 】NA【 】	
9	需求的优先级是否进行了合理分配	是【 】否【 】NA【 】	
10	是否描述了各种约束条件	是【 】否【 】NA【 】	

表 1-2 中列出了需要对用户需求进行什么样的检查，测试人员按照检查项逐个检查和判断，如果满足要求则选择"是"，如果不满足要求则选择"否"，如果某个检查项不适用则选择"NA"。表 1-2 只是一个通用的需求规格说明书检查列表，在实际测试中，要根据具体的测试项目进行适当的增减或修改。

在分析测试需求时要注意，被确定的测试需求必须是可核实的，测试需求必须有一个可观察、可评测的结果，无法核实的需求就不是测试需求。分析测试需求还要与用户进行交流，以澄清某些混淆，确保测试人员与用户尽早地对项目达成共识。

2. 制定测试计划

测试工作贯穿于整个软件生命周期，是一项庞大而复杂的工作，需要制定一个完整且详细的测试计划作为指导。测试计划是整个测试工作的"导航图",但它并不是一成不变的,随着项目推进或需求变更,测试计划也会不断发生改变,因此测试计划的制定是随着项目发展不断调整、逐步完善的过程。

测试计划中一般要做好以下工作安排。

- 确定测试范围:明确哪些对象是需要测试的,哪些对象是不需要测试的。
- 制定测试策略:测试策略是测试计划中最重要的部分,它将要测试的内容划分出不同的优先级,以确定测试重点,并根据测试模块的特点和测试类型(如功能测试、性能测试)选定测试环境和测试方法(如人工测试、自动化测试)。
- 安排测试资源:通过考虑测试难度、时间、工作量等因素,对测试资源进行合理安排,包括人员分配、工具配置等。
- 安排测试进度:根据软件开发计划、产品的整体计划来安排测试工作的进度,同时还要考虑各部分工作的变化。在安排测试进度时,最好在各项测试工作之间预留一个缓冲时间以应对计划变更。
- 预估测试风险:罗列出测试工作过程中可能会出现的不确定因素,并制定应对策略。

3. 设计测试用例

测试用例(Test Case)是指一套详细的测试方案,包括测试环境、测试步骤、测试数据和预期结果。不同的公司通常会有不同的测试用例模板,虽然它们在风格和样式上有所不同,但本质上是一样的,都包括测试用例的基本要素。

测试用例编写的原则是尽量用最少的测试用例达到最大的测试覆盖率。测试用例常用的设计方法包括等价类划分法、边界值分析法、因果图法与决策表法、正交实验设计法、逻辑覆盖法等,这些设计方法会在后面的章节中陆续讲解。

4. 执行测试

执行测试是按照测试用例执行测试的过程,这是测试人员最主要的活动阶段。在执行测试时要根据测试用例的优先级进行。测试执行过程看似简单,只要按照测试用例完成测试工作即可,但实际并非如此。测试用例的数目非常多,测试人员需要完成所有测试用例的执行,每一个测试用例都可能会发现很多缺陷,测试人员要做好测试记录与跟踪,衡量缺陷的质量并编写缺陷报告。

当提交后的缺陷被开发人员修改之后,测试人员需要进行回归测试。如果系统对测试用例产生了缺陷免疫,则测试人员需要编写新的测试用例。在单元测试、集成测试、系统测试、验收测试的各个阶段都要进行功能测试、性能测试等,这个工作量无疑是巨大的。除此之外,测试人员还需要对文档资料(如用户手册、安装手册、使用说明等)进行测试。因此不要简单地认为执行测试就是按部就班地完成任务,可以说这个阶段是测试人员最重要的工作阶段。

5. 编写测试报告

测试报告是对一个测试活动的总结,包括对项目测试过程进行归纳、对测试数据进行统计、对项目的测试质量进行客观评价。通常,不同公司的测试报告模板各有不同,但测试报告的编写要点几乎都是一样的,一般都是先对软件进行简单介绍,然后说明这份报告是对该产品的测试过程进行总结,并对测试质量进行评价。

一份完整的测试报告必须包含以下几个要点。

- 引言:描述测试报告编写目的、报告中出现的专业术语解释和参考资料等。
- 测试概要:介绍项目背景、测试时间、测试地点及测试人员等信息。
- 测试内容及执行情况:描述本次测试模块的版本、测试类型,使用的测试用例设计方法及测试通过覆盖率,依据测试的通过情况提供对测试执行过程的评估结论,并给出测试执行活动的改进建议,以供后续测试执行活动借鉴。
- 缺陷统计与分析:统计本次测试所发现的缺陷数目、类型等,分析缺陷产生的原因,给出规避措施等建议，同时还要记录残留缺陷和未解决问题。

● 测试结论与建议：从需求符合度、功能正确性、性能指标等多个维度对版本质量进行总体评价，给出具体、明确的结论与建议。

● 测试报告的数据是真实的，每一条结论的得出都要有评价依据，不能是主观臆断的。

多学一招：测试的准入、准出

测试的准入、准出是指什么情况下可以开始当前版本的测试工作，什么情况下可以结束当前版本的测试工作。不同项目、不同公司的测试准入、准出标准都会有所不同，下面介绍一些通用的测试准入、准出标准。

测试准入标准如下。

（1）开发编码结束，开发人员在开发环境中已经进行了单元测试，即开发人员完成了自测。

（2）软件需求上规定的功能都已经实现。如果没有完全实现，开发人员提供测试范围。

（3）测试项目通过基本的冒烟测试，界面上的功能均已实现，符合设计规定的功能。

（4）测试项目的代码符合软件编码规范并已通过评审。

（5）开发人员提交了测试申请并提供了相应的文档资料。

测试准出标准如下。

（1）测试项目满足用户需求。

（2）所有测试用例都已经通过评审并成功执行。

（3）测试覆盖率已经达到要求。

（4）所有发现的缺陷都记录在缺陷管理系统中。

（5）一、二级错误修复率达到100%。

（6）三、四级错误修复率达到95%。

（7）所有遗留问题都已经有解决方案。

（8）测试项目的功能、性能、安全性等都满足要求。

（9）完成系统测试总结报告。

在测试过程中可能会出现一些意外情况导致测试工作暂停，这个暂停并不是上面所说的测试结束，而是非正常的。测试中需要暂停的情况主要包括以下4种。

（1）测试人员进行冒烟测试时发现重大缺陷，导致测试无法正常进行，需要暂停并返回开发。

（2）测试人员进行冒烟测试时发现缺陷过多可以申请暂停测试，返回开发。

（3）测试项目需要更新调整而暂停，测试工作也要相应暂停。

（4）如果测试人员有其他优先级更高的任务，可以申请暂停测试。

1.6.2 实例：微信朋友圈功能的测试流程

微信是一款跨平台的通信服务应用程序，支持单人、多人参与聊天，可以发送语音、照片、视频、文字等，并且微信还提供了朋友圈作为分享领域。在日常生活中，人们经常通过发朋友圈来分享自己的生活，下面以测试微信朋友圈的功能为例，演示软件测试的流程。

微信朋友圈功能的测试流程如图1-16所示。

由图1-16可知，微信朋友圈功能的测试流程主要包括6个，分别是开始、注册/登录、发布朋友圈、查看朋友圈、点赞/评论朋友圈、结束。

图1-16 微信朋友圈功能的测试流程

下面主要对该测试流程中的发布朋友圈功能进行测试。

（1）分析测试需求

测试人员对软件需求进行分析，并确定要测试的功能是发布朋友圈。发布的朋友圈内容主要有 5 种形式，分别是文字、照片、视频、文字+照片、文字+视频，假设关于这 5 种形式的朋友圈内容的具体要求如下。

- 文字：1~1500 字。
- 照片：1~9 张。
- 视频：1~15 秒。

需要说明的是，通常在微信发布朋友圈时还可以分享公众号文章、网易云音乐等内容，由于这些内容需要在有转发权限的情况下才能够分享到朋友圈进行发布，所以本实例不针对转发分享到朋友圈的内容形式进行讨论。在实际工作中会有更加详细的需求规格说明书，在开展软件测试工作时，需要测试人员根据需求规格说明书认真分析测试需求。上述需求描述仅供本实例作为学习参考。

（2）制定测试计划

测试计划中需要做好整体测试工作安排，它所包含的内容比较多，测试计划书也会分多个阶段制定。由于朋友圈的功能较多，本书以发布朋友圈的功能为例，制定一个简单的测试计划，发布朋友圈功能的测试计划如表 1-3 所示。

表 1-3　发布朋友圈功能的测试计划

软件版本	微信 8.0.32 版本
模块	发布朋友圈
负责人	测试组长
测试人员	测试员 1、测试员 2
测试时间	2022-03-01~2022-03-03
测试用例	001~008
回归测试	2022-04-10~2022-04-13

表 1-3 描述了发布朋友圈功能的测试计划，包括软件版本、测试的模块、人员与时间安排以及所使用的测试用例。

需要注意的是，测试计划是一份完整且详细的文档，表 1-3 只是描述了其中一部分内容，读者不能认为测试计划就是一个简单的表格。

（3）设计测试用例

本次测试的重点是发布朋友圈，在设计测试用例时，需要考虑发布的朋友圈内容形式，在分析测试需求阶段可以明确发布的朋友圈内容形式主要有以下 5 种。

- 只发布文字。
- 只发布照片。
- 只发布视频。
- 发布文字+照片。
- 发布文字+视频。

下面针对这 5 种形式来设计发布朋友圈功能的测试用例，如表 1-4 所示。

表 1-4　发布朋友圈功能的测试用例

用例编号	测试功能	测试标题	预置条件	步骤描述	测试数据	预期结果
001	发布朋友圈	发布一段文字	1. 网络连接正常； 2. 成功登录微信	1. 在"发现"界面点击朋友圈； 2. 长按朋友圈界面右上角的相机图标； 3. 输入一段文字然后点击"发表"按钮	一段字数为 50 的内容	发布成功
002	发布朋友圈	发布内容为空	1. 网络连接正常； 2. 成功登录微信	1. 在"发现"界面点击朋友圈； 2. 长按朋友圈界面右上角的相机图标； 3. 不输入内容	内容为空	发布失败
003	发布朋友圈	发布 1 张照片	1. 网络连接正常； 2. 成功登录微信； 3. 进入发布朋友圈界面	1. 在发布朋友圈界面点击相机图标； 2. 在相册中选择任意一张照片	1 张照片	发布成功
004	发布朋友圈	发布 10 张照片	1. 网络连接正常； 2. 成功登录微信； 3. 进入发布朋友圈界面	1. 在发布朋友圈界面点击相机图标； 2. 在相册中选择照片	10 张照片	发布失败
005	发布朋友圈	发布一段 15 秒的视频	1. 网络连接正常； 2. 成功登录微信； 3. 进入发布朋友圈界面	1. 在发布朋友圈界面点击相机图标； 2. 在相册中选择一段视频	一段 15 秒的视频	发布成功
006	发布朋友圈	发布一段 20 秒的视频	1. 网络连接正常； 2. 成功登录微信； 3. 进入发布朋友圈界面	1. 在发布朋友圈界面点击相机图标； 2. 在相册中选择一段视频	一段 20 秒的视频	发布失败
007	发布朋友圈	发布文字+照片	1. 网络连接正常； 2. 成功登录微信； 3. 进入发布朋友圈界面	1. 在发布朋友圈界面点击相机图标； 2. 在相册中选择照片； 3. 输入文字	1. 选择 9 张照片； 2. 输入一段字数为 10 的内容	发布成功
008	发布朋友圈	发布文字+视频	1. 网络连接正常； 2. 成功登录微信； 3. 进入发布朋友圈界面	1. 在发布朋友圈界面点击相机图标； 2. 在相册中选择视频； 3. 输入文字	1. 选择一段 10 秒的视频； 2. 输入一段字数为 10 的内容	发布成功

　　表 1-4 中一共设计了 8 个测试用例，使用这 8 个测试用例可以测试 5 种发布朋友圈内容的形式。需要注意的是，这 8 个测试用例并没有覆盖所有可能发布的朋友圈内容，在实际的测试过程中，测试人员通常会按照不同的测试方法来设计测试用例，例如等价类划分法、边界值分析法等（后续介绍）。

　　（4）执行测试

　　执行测试用例，对测试过程进行记录和跟踪。将测试发现的缺陷整理成缺陷报告。例如，在执行编号为 002 的测试用例时，在输入内容为空的情况下，点击"发表"按钮后发布成功，这与该测试用例的预期结果不符，说明这是一个软件缺陷。

　　对上述缺陷进行整理，形成一份缺陷报告。发布朋友圈功能的测试缺陷报告如表 1-5 所示。

表 1-5　发布朋友圈功能的测试缺陷报告

缺陷 ID	22_03_001
测试软件名称	微信
测试软件版本	8.0.32
缺陷发现日期	20220302
测试人员	测试员 1
缺陷描述	该版本的发布朋友圈功能在输入内容为空的情况下，点击"发表"按钮后发布成功
附件（可附图）	附图 1（链接）
缺陷类型	功能类缺陷
缺陷严重程度	严重
缺陷优先级	立即解决
测试环境	手机信息：荣耀 HONOR AAL-AL20； 内存：4.0GB； 系统类型：Android 8.0 操作系统
重现步骤	1. 在发现界面点击朋友圈； 2. 长按朋友圈界面右上角的相机图标； 3. 不输入内容； 4. 点击"发表"按钮
备注	无

测试完毕后，测试人员将缺陷报告提交到缺陷管理工具中，开发人员会根据缺陷的严重程度与优先级安排时间修改。当修改完毕后，会将新版本的软件提交给测试人员，测试人员再进行回归测试以验证之前的缺陷是否被修改且是否引入新的缺陷。

（5）编写测试报告

本次测试结束之后（包括回归测试），需要编写一份完整的测试报告。测试报告的内容非常多，一般都是长达十几页甚至几十页的 Word 文档，或者是在相应的软件测试管理工具中编写，因此本书无法在此处给出一份详尽的测试报告。

本次测试的测试报告可以按照如下目录编写。

发布朋友圈功能的测试报告

一、引言

1. 目的

2. 术语解释

3. 参考资料

二、测试概要

1. 项目简介

2. 测试环境

3. 测试时间、地点及人员

三、测试内容及执行情况

1. 测试目标

2. 测试范围

3. 测试用例使用情况

4. 回归测试

四、缺陷统计与分析

1. 缺陷数目与类型

2. 缺陷的解决情况

3. 缺陷的趋势分析

五、测试分析

1. 测试覆盖率分析

2. 需求符合度分析

3. 功能正确性分析

4. 产品质量分析

5. 测试局限性

六、测试总结

1. 遗留问题

2. 测试经验总结

七、附件

1. 测试用例清单

2. 缺陷清单

3. 交付的测试工作产品

4. 遗留问题报告

1.7　本章小结

　　本章对软件测试的基础知识进行了讲解，首先介绍了软件相关的知识，包括软件生命周期、软件开发模型、软件质量；其次讲解了软件缺陷管理，包括软件缺陷产生的原因、分类、处理流程和常见的缺陷管理工具；然后讲解了软件测试的简介、目的、分类，软件测试与软件开发的关系，常见的软件测试模型，软件测试的原则；最后讲解了软件测试的基本流程，并且通过微信发布朋友圈的功能测试让读者简单认识了软件测试的基本流程。本章的知识细碎且独立，却是软件测试入门的必备知识，能为读者在后续章节更深入地学习软件测试打下坚实的基础。

1.8　本章习题

一、填空题

1. 软件从"出生"到"消亡"的过程称为_____。

2. 引入风险分析的开发模型为_____模型。

3. ISO/IEC 9126:1991 标准提出的质量模型包括_____、可靠性、_____、效率、可维护性、_____六大特性。

4. 按照缺陷的严重程度可以将缺陷划分为_____、一般、次要、_____。

5. 验证软件单元是否符合软件需求与设计的测试称为_____。

6. 对程序的逻辑结构、路径与运行过程进行的测试称为_____。

7. 有一种测试模型，测试与开发并行进行，这种测试模型称为＿＿＿＿＿模型。

二、判断题

1. 软件存在缺陷是由于开发人员水平有限引起的，一个非常优秀的开发人员可以开发出零缺陷的软件。（　　　）

2. 软件缺陷都存在于程序代码中。（　　　）

3. 软件测试是为了证明程序无错。（　　　）

4. 软件测试的 H 模型融入了探索性测试。（　　　）

5. 软件测试要投入尽可能多的精力以达到 100%的覆盖率。（　　　）

三、单选题

1. 下列选项中，不属于软件开发模型的是（　　　）。

A．V 模型　　　　　　B. 快速原型模型　　　　　C. 螺旋模型　　　　　D. 敏捷模型

2. 下列选项中，哪一项不是影响软件质量的因素？（　　　）

A. 需求模糊　　　　　　　　　　　　B. 缺乏规范的文档指导

C. 软件测试要求太严格　　　　　　　D. 开发人员技术有限

3. 下列哪一项不是软件缺陷产生的原因？（　　　）

A. 需求不明确　　　　B. 测试用例设计不好　　　C. 软件结构复杂　　　D. 项目周期短

4. 下列选项中，关于软件缺陷的说法错误的是（　　　）。

A. 软件缺陷是软件（包括程序和文档）中存在的影响软件正常运行的问题、错误、隐藏的功能缺失或多余

B. 按照缺陷的优先级不同可以将缺陷划分为立即解决、高优先级、正常排队、低优先级

C. 缺陷报告有统一的模板，该模板是根据 IEEE 729–1983 标准制定的

D. 每个缺陷都有一个唯一的编号，这是缺陷的标识

5. 下列选项中，关于软件测试的说法错误的是（　　　）。

A. 在早期的软件开发中，测试就等同于调试

B. 软件测试是使用人工或自动手段来运行或测定某个系统的过程

C. 软件测试的目的在于检验软件是否满足规定的需求或弄清楚预期结果与实际结果之间的差异

D. 软件测试与软件开发是两个独立、分离的过程

6. 下列选项中，不属于软件测试原则的是（　　　）。

A. 测试应基于用户需求　　　　　　　B. 测试越晚进行越好

C. 穷尽测试是不可以的　　　　　　　D. 软件测试遵循 GoodEnough 原则

四、简答题

1. 请简述软件缺陷的处理流程。

2. 请简述软件测试的基本流程。

第**2**章

黑盒测试方法

黑盒测试是软件测试中经常使用的一种测试方法，常用的黑盒测试方法包括等价类划分法、边界值分析法、因果图法与决策表法、正交实验设计法、场景法、状态迁移图法等，这些方法非常实用，本章将对黑盒测试的常用方法进行详细讲解。

2.1 等价类划分法

等价类划分法是一种常用的黑盒测试方法，它主张从大量的数据中选择一部分数据用于测试，即尽可能使用最少的测试用例覆盖最多的数据，以发现更多的软件缺陷。本节将对等价类划分法进行讲解，并通过3个实例演示等价类划分法的应用。

2.1.1 等价类划分法概述

一个程序可以有多个输入数据，等价类划分是将这些输入数据按照输入需求进行分类，将它们划分为若干个子集，这些子集即等价类，在每个等价类中选择有代表性的数据设计测试用例。等价类划分类似于师生站队，男生站左边，女生站右边，老师站中间，这样就把师生群体划分成了3个等价类。

使用等价类划分法测试程序需要经过划分等价类和设计测试用例2个步骤，具体介绍如下。

1. 划分等价类

等价类可以分为有效等价类和无效等价类，其含义如下。

● 有效等价类：是有效值的集合，这些有效值是符合程序要求、合理且有意义的输入数据。

● 无效等价类：是无效值的集合，这些无效值是不符合程序要求、不合理或无意义的输入数据。

通常在划分等价类时，需要遵守以下 4 个原则。

（1）如果程序要求输入值是一个有限区间的值，则可以将输入数据划分为 1 个有效等价类和 2 个无效等价类，有效等价类为指定区间中的值的集合，2 个无效等价类分别为有限区间两边的值的集合。例如，某程序要求输入值 x 的范围为[1,100]，则有效等价类为 1<=x<=100，无效等价类为 x<1 和 x>100。

（2）如果程序要求输入值"必须成立"，则可以将输入数据划分为 1 个有效等价类和 1 个无效等价类。例如，某程序要求密码正确，则正确的密码属于有效等价类，错误的密码属于无效等价类。

（3）如果程序要求输入值是一组可能的值，或者要求输入值必须符合某个条件，则可以将输入数据划分为 1 个有效等价类和 1 个无效等价类。例如，某程序要求输入数据必须是以数字开头的字符串，则以数字开头的字符串属于有效等价类，不以数字开头的字符串属于无效等价类。

（4）如果在某一个等价类中，每个输入值在程序中的处理方式都不相同，则应将该等价类划分成更小的等价类，并建立等价类表。

同一个等价类中的数据捕获软件缺陷的能力是相同的，如果使用等价类中的其中一个数据不能捕获缺陷，那么使用等价类中的其他数据也不能捕获缺陷。同样，如果等价类中的其中一个数据能够捕获缺陷，那么该等价类中的其他数据也能捕获缺陷，即等价类中的所有输入数据都是等效的。

正确地划分等价类可以极大地降低测试用例的数量，测试会更准确、有效。划分等价类时不仅要考虑有效等价类，而且要考虑无效等价类。对等价类要认真分析，审查划分，过于粗略的划分可能会漏掉软件缺陷，如果错误地将 2 个不同的等价类当作一个等价类，就会遗漏测试情况。例如，某程序要求输入值取范围为 1～100 的整数，若一个测试用例输入了数据 0.6，则在测试中很可能只检出非整数错误，而检测不出取值范围的错误。

2. 设计测试用例

当确定等价类后，需要建立等价类表，列出所有划分出的等价类，用以设计测试用例。基于等价类划分法的测试用例设计步骤如下。

（1）确定测试对象，保证非测试对象的正确性。

（2）为每个等价类规定一个唯一的编号。

（3）设计有效等价类的测试用例，使其尽可能多地覆盖尚未被覆盖的有效等价类，直到测试用例覆盖所有的有效等价类。

（4）设计无效等价类的测试用例，使其覆盖所有的无效等价类。

我们在实际工作中使用等价类划分法设计测试用例时，需要不断与团队成员交流、协同工作，密切配合，达成共识，不断优化测试用例的设计，以便通过较少的测试用例寻找更多的缺陷。

2.1.2　实例一：QQ 账号合法性的等价类划分

QQ 是一款基于互联网的即时通信软件，假设 QQ 账号的要求是 6～10 位自然数，在登录 QQ 时，可以根据 QQ 账号的长度判断 QQ 账号的合法性。

下面以 QQ 账号为测试对象，在判断 QQ 账号的合法性时，需要明确 2 个条件：第 1 个条件是 QQ 账号的长度为 6～10；第 2 个条件是 QQ 账号的数据类型为自然数。根据这 2 个条件可以将 QQ 账号划分为 1 个有效等价类和 5 个无效等价类，具体如下。

● 有效等价类：6～10 位自然数。

● 无效等价类：少于 6 位自然数（包含空值）。

● 无效等价类：多于 10 位自然数。

● 无效等价类：6～10 位非自然数。

- 无效等价类：少于 6 位非自然数（包含空值）。
- 无效等价类：多于 10 位非自然数。

通过上述分析，下面将这 6 个等价类进行编号，建立等价类表。QQ 账号的等价类表如表 2-1 所示。

表 2-1   QQ 账号的等价类表

要求	有效等价类	有效等价类编号	无效等价类	无效等价类编号
QQ 账号为 6~10 位自然数	6~10 位自然数	1	少于 6 位自然数（包含空值）	2
			多于 10 位自然数	3
			6~10 位非自然数	4
			少于 6 位非自然数（包含空值）	5
			多于 10 位非自然数	6

下面根据表 2-1 所示的等价类表设计测试用例覆盖等价类，由于本实例仅针对 QQ 账号划分等价类，并且只有一个要求，所以可以将有效等价类和无效等价类的测试用例建立在一个表中。基于等价类划分法设计 QQ 账号的测试用例如表 2-2 所示。

表 2-2   基于等价类划分法设计 QQ 账号的测试用例

测试用例编号	测试数据	覆盖等价类编号	预期结果
test1	147258	1	QQ 账号合法
test2	12345	2	QQ 账号不合法
test3	14725836912	3	QQ 账号不合法
test4	1234@&	4	QQ 账号不合法
test5	空值	5	QQ 账号不合法
test6	@#&88888888	6	QQ 账号不合法

由表 2-2 可知，一共设计了 6 个测试用例，这 6 个测试用例覆盖了 QQ 账号的有效等价类和无效等价类。

2.1.3   实例二：三角形问题的等价类划分

三角形问题是测试中广泛使用的一个经典案例，它要求输入 3 个正数 a、b、c 作为三角形的 3 条边，判断这 3 个数构成的是一般三角形、等边三角形、等腰三角形，还是无法构成三角形。如果使用等价类划分法设计三角形程序的测试用例，则需要将所有输入数据划分为不同的等价类。

对该实例进行分析，程序要求输入 3 个数，并且是正数，在输入 3 个正数的基础上判断这 3 个数能否构成三角形；如果能构成三角形，再判断它构成的三角形是一般三角形、等腰三角形还是等边三角形。如此可以按照以下步骤将输入情况划分为不同的等价类。

（1）判断是否输入了 3 个数，可以将输入情况划分成 1 个有效等价类、4 个无效等价类，具体如下。

- 有效等价类：输入 3 个数。
- 无效等价类：输入 0 个数。
- 无效等价类：只输入 1 个数。
- 无效等价类：只输入 2 个数。
- 无效等价类：输入超过 3 个数。

（2）在输入 3 个数的基础上，判断 3 个数是否为正数，可以将输入情况划分为 1 个有效等价类、3 个无效等价类，具体如下。

- 有效等价类：3 个数都是正数。
- 无效等价类：有 1 个数小于等于 0。
- 无效等价类：有 2 个数小于等于 0。
- 无效等价类：3 个数都小于等于 0。

（3）在输入 3 个正数的基础上，判断 3 个数是否能构成三角形，可以将输入情况划分为 1 个有效等价类和 1 个无效等价类，具体如下。

- 有效等价类：任意 2 个数之和大于第 3 个数。
- 无效等价类：其中 2 个数之和小于等于第 3 个数。

（4）在 3 个数构成三角形的基础上，判断 3 个数是否能构成等腰三角形，可以将输入情况划分成 1 个有效等价类和 1 个无效等价类。

- 有效等价类：其中有 2 个数相等。
- 无效等价类：3 个数均不相等。

（5）在构成等腰三角形的基础上，判断这 3 个数能否构成等边三角形，可以将输入情况划分为 1 个有效等价类和 1 个无效等价类，具体如下。

- 有效等价类：3 个数相等。
- 无效等价类：3 个数不相等。

在上述分析中，一共将三角形程序的输入划分为了 15 个等价类，下面分别为等价类编号，并建立等价类表，三角形程序输入的等价类表如表 2-3 所示。

表 2-3　三角形程序输入的等价类表

要求	有效等价类	有效等价类编号	无效等价类	无效等价类编号
输入 3 个数	输入 3 个数	1	输入 0 个数	2
			只输入 1 个数	3
			只输入 2 个数	4
			输入超过 3 个数	5
3 个数是否都是正数	3 个数都是正数	6	有 1 个数小于等于 0	7
			有 2 个数小于等于 0	8
			3 个数都小于等于 0	9
3 个数是否能构成三角形	任意 2 个数之和大于第 3 个数	10	其中 2 个数之和小于等于第 3 个数	11
3 个数是否能构成等腰三角形	其中有 2 个数相等，$a=b\|a=c\|b=c$	12	3 个数均不相等	13
3 个数是否能构成等边三角形	3 个数相等，$a=b=c$	14	3 个数不相等	15

下面根据表 2-3 所示的等价类表，设计测试用例覆盖等价类。首先设计覆盖有效等价类的测试用例，在设计时，既要考虑测试输入情况的全面性，又要考虑有效等价类的覆盖情况，覆盖有效等价类的测试用例如表 2-4 所示。

表 2-4 覆盖有效等价类的测试用例

测试用例	输入 3 个数	覆盖有效等价类的编号
test1	3 4 5	1 6 10
test2	6 6 8	1 6 10 12
test3	6 6 6	1 6 10 12 14

表 2-4 中的 3 个测试用例覆盖了全部的有效等价类，无效等价类测试用例的设计原则与有效等价类测试用例的设计原则相同，覆盖无效等价类的测试用例如表 2-5 所示。

表 2-5 覆盖无效等价类的测试用例

测试用例	输入数值	覆盖无效等价类的编号
test1	−1 −1 −1	9
test2	−1 −1 5	8
test3	−1 4 5	7
test4	输入 0 个数据	2
test5	1	3
test6	1 2	4
test7	1 3 4	11
test8	1 2 3 4	5
test9	3 4 5	13
test10	3 3 5	15

由表 2–5 可知，设计了 10 个测试用例覆盖了全部的无效等价类。在测试三角形程序时，使用上述测试用例就可以最大程度地检测出程序中的缺陷。

2.1.4 实例三：某理财产品提现的等价类划分

某理财产品是一个余额增值服务和活期资金管理服务产品，可以把一些零钱存入某理财产品产生利息，也可以将某理财产品中的钱提现。某理财产品的提现方式有 2 种：快速到账（2 小时），每日最高提现额度为 10000 元；普通到账，可提取金额为某理财产品中的最大余额，但到账时间会慢一些。

对某理财产品的提现功能进行测试，首先对某理财产品提现功能进行等价类划分。

1. 快速到账

如果选择快速到账，则可将提现功能划分为 1 个有效等价类和 2 个无效等价类，具体如下。

- 有效等价类：0 元<提现金额≤10000 元。
- 无效等价类：提现金额≤0 元。
- 无效等价类：提现金额>10000 元。

2. 普通到账

如果选择普通到账，则可将提现功能划分为 1 个有效等价类和 2 个无效等价类，具体如下。

- 有效等价类：0 元<提现金额≤余额。
- 无效等价类：提现金额≤0 元。
- 无效等价类：提现金额>余额。

根据上述分析，某理财产品提现功能一共可划分为 6 个等价类，某理财产品提现功能的等价类表如表 2-6 所示。

表 2-6　某理财产品提现功能的等价类表

功能	有效等价类	编号	无效等价类	编号
快速到账	0 元<提现金额≤10000 元	1	提现金额≤0 元	2
			提现金额>10000 元	3
普通到账	0 元<提现金额≤余额	4	提现金额≤0 元	5
			提现金额>余额	6

表 2-6 列出了某理财产品提现功能的所有情况，但在设计测试用例之前，按照审查划分的原则，对表 2-6 进行仔细分析可发现，快速到账的划分是有问题的，因为快速到账的日提现额度为 10000 元，表明在一天之内，只要提现金额没有累积到 10000 元，则可多次提取。例如，第 1 次提现了 6000 元，第 2 次提现了 2000 元，第 3 次提现了 2000 元，3 次提现金额累积达到了 10000 元，则今日无法再次使用快速到账提现功能。据此，可以将快速到账细分为第 1 次提现和第 n 次提现，第 n 次提现的最大金额为 10000 减去已经提现的金额，细分后的某理财产品提现功能等价类表如表 2-7 所示。

表 2-7　细分后的某理财产品提现功能等价类表

功能	有效等价类	编号	无效等价类	编号
快速到账 （第 1 次）	0 元<提现金额≤10000 元	1	提现金额≤0 元	2
			提现金额>10000 元	3
快速到账 （第 n 次）	0 元<提现金额≤10000 元- 已提现金额	7	提现金额≤0 元	8
			提现金额>10000 元-已提现金额	9
普通到账	0 元<提现金额≤余额	4	提现金额≤0 元	5
			提现金额>余额	6

下面根据建立的等价类表来设计测试用例进行测试，假如现在某理财产品中有 50000 元余额，则覆盖有效等价类的测试用例和覆盖无效等价类的测试用例分别如表 2-8 和表 2-9 所示。

表 2-8　覆盖有效等价类的测试用例

测试用例	功能	金额/元	覆盖有效等价类编号
test1	快速到账（第 1 次）	1000	1
test2	快速到账（第 n 次，已提现 2000 元）	7000	7
test3	普通到账	40000	4

表 2-9　覆盖无效等价类的测试用例

测试用例	功能	金额/元	覆盖无效等价类编号
test4	快速到账（第 1 次）	−10000	2
test5		20000	3
test6	快速到账（第 n 次，已提现 2000 元）	−2000	8
test7		9000	9
test8	普通到账	−3000	5
test9		60000	6

表 2-8 和表 2-9 中共设计了 9 个测试用例，这些测试用例覆盖了全部的等价类，可以检测出提现功能存在的缺陷。

2.2 边界值分析法

对于测试人员来说，测试工作做得越多，越会发现程序的一些错误往往发生在边界处理上。例如，某程序要求输入值的取值范围为 1～100，当取值在 1～100 范围内时没有问题，然而取边界值 1 或 100 时会发生错误，原因就是程序开发时对边界问题没有做好处理。此种情况需要使用边界值分析法来测试，本节将对边界值分析法进行详细讲解。

2.2.1 边界值分析法概述

边界值分析法是对软件的输入或输出边界进行测试的一种方法，它通常作为等价类划分法的一种补充测试方法。对于软件来说，错误经常发生在输入或输出值的关键点，即从符合需求到不符合需求的关键点，因此边界值分析法在等价类的边界上执行软件测试工作，它的所有测试用例都是在等价类的边界处设计的。

在等价类划分法中，无论是输入值还是输出值，都会有多个边界，而边界值分析法是在这些边界附近寻找某些点作为测试值，而不是在等价类内部选择测试值。在使用边界值分析法时，可以通过确定边界的 3 个点来设计测试用例，这 3 个点分别是上点、离点和内点。上点是指边界上的点，离点是指距离边界最近的点，内点是指需求给定范围内的点。在根据离点设计测试用例时，可以采用"开内闭外"的原则优化测试用例。"开内闭外"是指对于开区间取内部离点；对于闭区间取外部离点。

在等价类中选择边界值时，如果输入条件规定了取值范围或取值个数，则在选取边界值时可选取 5 个测试值或 7 个测试值。如果选取 5 个测试值，即在 2 个边界值内选取 5 个测试值：最小值、略大于最小值、正常值、略小于最大值、最大值。例如，输入条件规定取值范围为 1～100，则可以选取 0、1、50、100 和 101 作为测试值。如果选取 7 个测试值，则在取值范围两侧再各选取一个测试值，这 7 个测试值分别是略小于最小值、最小值、略大于最小值、正常值、略小于最大值、最大值、略大于最大值，对于上述输入条件，可选取 0、1、2、50、99、100 和 101 作为测试值，1～100 边界值选取如表 2-10 所示。

表 2-10 1～100 边界值选取

选取方案	选取测试值						
选取 5 个测试值	0		1	50		100	101
选取 7 个测试值	0	1	2	50	99	100	101

如果软件要求输入或输出是一组有序集合（如数组、链表等），则可选取第一个和最后一个元素作为测试值。如果被测试程序中有循环，则可选取第 0 次、第 1 次与最后 2 次循环作为测试值。除了上述讲解到的边界值选取外，软件还有其他边界值的选取情况，在对软件进行测试时，要仔细分析软件规格需求，找出其可能的边界条件。

边界值分析法只在边界取值上考虑测试的有效性。相对于等价类划分法来说，它的执行更加简单易行，但缺乏充分性，不能整体、全面地测试软件，因此它通常作为等价类划分法的补充测试方法。

2.2.2 实例一：QQ 账号合法性的边界值分析

在 2.1.2 小节中，使用等价类划分法设计了 QQ 账号的测试用例。在实际的测试工作中，通常有大量的缺陷出现在输入或输出范围的边界上，而不是出现在输入或输出范围的内部，下面针对 QQ 账号的边界情况来设计测试用例。

通过分析 2.1.2 小节中的需求可知，QQ 账号的要求是 6～10 位自然数，根据上点、离点和内点即可确定边界范围，具体如下。

- 上点：6、10。
- 离点：5、7、9、11。
- 内点：8。

根据上述边界范围即可设计测试用例，QQ 账号边界值分析的测试用例如表 2-11 所示。

表 2-11　QQ 账号边界值分析的测试用例

测试用例编号	测试值	被测边界值	预期结果
test1	14725	5	QQ 账号不合法
test2	123456	6	QQ 账号合法
test3	1345678	7	QQ 账号合法
test4	23616666	8	QQ 账号合法
test5	564789100	9	QQ 账号合法
test6	3316556666	10	QQ 账号合法
test7	33165566897	11	QQ 账号不合法

表 2-11 中一共设计了 7 个测试用例来测试 QQ 账号的边界值，其中最小的被测边界值为 5，最大的被测边界值为 11，通过这 7 组测试值即可测试 QQ 账号的边界是否存在缺陷。根据离点“开内闭外”原则，可以对表 2-11 中的测试用例进行优化，即删除 test3 和 test5，这样可以用较少的测试用例完成功能的覆盖。

2.2.3　实例二：三角形问题的边界值分析

在 2.1.3 小节中，讲解了三角形问题的等价类划分，在等价类划分中，除了要求输入数据为 3 个正数外，没有给出其他限制条件。如果要求三角形边长的取值范围为 1 ~ 100，则可以使用边界值分析法对三角形边长的边界进行测试。在设计测试用例时，分别选取 0、1、2、50、99、100、101 这 7 个值作为测试值，由于三角形的边长不能取 0，所以 0 可以忽略。三角形边长的边界值分析测试用例如表 2-12 所示。

表 2-12　三角形边长的边界值分析测试用例

测试用例	输入 3 个数			被测边界值	预期结果
test1	50	50	1	1	等腰三角形
test2	50	50	2		等腰三角形
test3	50	50	50	无	等边三角形
test4	50	50	99	100	等腰三角形
test5	50	50	100		不构成三角形
test6	50	50	101		不构成三角形

在表 2-12 中，test1 中的边长 1 是最小临界值，test2 中的边长 2 是略大于最小值的数据，test3 中的边长 50 是正常值，test4 中的边长 99 是略小于最大值的数据，test5 中的边长 100 是最大临界值，test6 中的边长 101 是略大于最大值的数据，使用这 6 个测试用例可以检测三角形边长的边界是否存在缺陷。根据离点“开内闭外”原则，可以对表 2-12 中的测试用例进行优化，即删除 test2、test4，这样可以用较少的测试用例完成功能的覆盖。

2.2.4　实例三：某理财产品提现的边界值分析

在 2.1.4 小节中，讲解了某理财产品提现功能的等价类划分，某理财产品快速到账的日提现额度最高为 10000 元，如果某理财产品中的余额小于 1000 元，则普通到账的提现额度最高为余额。假设某理财产品中余额为 50000 元，则在进行边界值分析时，如果是第 1 次快速到账提现，则分别对 0 和 10000 这 2 个边界值进行测试，分别取 -1、0、1、5000、9999、10000、10001 这 7 个值作为测试值；如果是第 n 次快速到账提现（假设已提现 2000 元），则分别对 0 和 8000 这 2 个边界值进行测试，分别取 -1、0、1、5000、7999、8000、

8001 这 7 个值作为测试值；如果是普通到账提现，则对 0 和 50000 这 2 个边界值进行测试，分别取-1、0、1、20000、49999、50000、50001 这 7 个值作为测试值。

根据上述分析即可设计测试用例，某理财产品提现边界值分析的测试用例如表 2-13 所示。

表 2-13 某理财产品提现边界值分析的测试用例

测试用例	功能	金额/元	被测边界	预期结果
test1	快速到账（第 1 次）	−1		无法提现
test2		0	0	无法提现
test3		1		1
test4		5000	无	5000
test5		9999		9999
test6		10000	10000	10000
test7		10001		无法提现
test8	快速到账（第 n 次）	−1		无法提现
test9		0	0	无法提现
test10		1		1.
test11		5000	无	5000
test12		7999		7999
test13		8000	8000	8000
test14		8001		无法提现
test15	普通到账	−1		无法提现
test16		0	0	无法提现
test17		1		1
test18		20000	无	20000
test19		49999		49999
test20		50000	50000	50000
test21		50001		无法提现

由表 2-13 可知，一共设计了 21 个测试用例来测试某理财产品提现的边界值。需要注意的是，在本实例中，假设某理财产品中的余额为 50000 元，但在实际测试时，余额可能极大。这种情况在软件测试中很常见，例如，取值范围为开区间或者右边为无穷大，这时候测试值的选取要根据具体的业务进行具体分析。

另外，根据离点"开内闭外"原则，可以对表 2-13 中的测试用例进行优化，即删除 test1、test5、test8、test12、test15 和 test19，这样可以用设计较少的测试用例完成功能的覆盖。

2.3 因果图法与决策表法

等价类划分法与边界值分析法主要侧重于输入条件，却没有考虑输入条件之间的关系，例如，组合关系、约束关系等。由于程序输入之间有作用关系，等价类划分法与边界值分析法很难描述输入之间的作用关系，无法保证测试效果，所以需要学习一种新的方法来描述多个输入之间的作用关系，即因果图法。在因果图法中，原因表示输入条件，结果表示输入执行后得到的输出，最终根据因果图法的分析绘制决策表。决策表法适用于检查程序输入条件的各种组合情况。本节将详细讲解因果图法与决策表法。

2.3.1 因果图法概述

因果图法是一种利用图解法分析输入的各种组合情况的测试方法，它考虑了输入条件的各种组合及输入条件之间的相互制约关系，并考虑了输出情况。例如，某一软件要求输入的地址具体到市区，例如"北京→昌平区""天津→南开区"，其中第二个输入受到第一个输入的约束，输入的城区只能在输入的城市中选择，否则输入的地址无效。像这样多个输入之间有相互制约关系的情况，就无法使用等价类划分法和边界值分析法设计测试用例。因果图法就是为了解决多个输入之间的作用关系而产生的测试用例设计方法。

下面介绍如何使用因果图展示多个输入、输出之间的关系，并且学习如何通过因果图法设计测试用例。

1. 使用因果图展示多个输入、输出之间的关系

因果图需要处理输入之间的作用关系，还要考虑输出情况，因此它包含了复杂的逻辑关系。这些复杂的逻辑关系通常用图来展现，这些图就是因果图。

因果图使用一些简单的逻辑符号和直线将程序的原因（输入）与结果（输出）连接起来，一般原因用 c_i 表示，结果用 e_i 表示，c_i 与 e_i 可以取值 "0" 或 "1"，其中 "0" 表示状态不出现，"1" 表示状态出现。

c_i 与 e_i 之间有恒等、非（~）、或（∨）、与（∧）这 4 种关系，如图 2-1 所示。

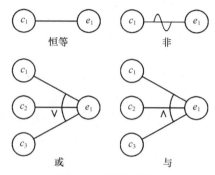

图2-1　因果图中的关系

图 2-1 中展示了输入、输出之间的 4 种关系，每种关系的具体含义如下。

- 恒等：在恒等关系中，要求程序有一个输入和一个输出，输出与输入保持一致。若 c_1 为 1，则 e_1 也为 1；若 c_1 为 0，则 e_1 也为 0。
- 非：使用符号 "~" 表示，在非关系中，要求程序有一个输入和一个输出，输出是输入的取反。若 c_1 为 1，则 e_1 为 0；若 c_1 为 0，则 e_1 为 1。
- 或：使用符号 "∨" 表示，或关系可以有多个输入，只要这些输入中有一个为 1，则输出为 1，否则输出为 0。
- 与：使用符号 "∧" 表示，与关系也可以有多个输入，但只有这些输入全部为 1，输出才能为 1，否则输出为 0。

在软件测试中，如果程序有多个输入，那么除了输入与输出之间的作用关系外，这些输入之间往往也会存在某些依赖关系，即某些输入条件本身不能同时出现或某一种输入可能会影响其他输入。例如，某一软件用于统计体检信息，在输入个人信息时，性别只能输入男或女，这 2 种输入不能同时存在，而且如果输入性别为女，那么体检项就会受到限制。这些依赖关系在软件测试中称为"约束"，约束的类别可分为 4 种：E（Exclusive，异）、I（At Least One，或）、O（One and Only One，唯一）、R（Require，要求）。在因果图中，用特定的符号表明这些约束关系，多个输入之间的约束关系如图 2-2 所示。

图 2-2 展示了多个输入之间的约束关系，这些约束关系的含义具体如下。

- E（异）：a 和 b 中最多只能有一个为 1，即 a 和 b 不能同时为 1。
- I（或）：a、b 和 c 中至少有一个必须是 1，即 a、b、c 不能同时为 0。
- O（唯一）：a 和 b 中有且仅有一个为 1。

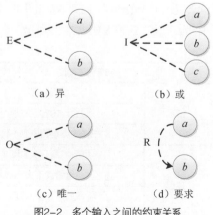

图2-2　多个输入之间的约束关系

- R（要求）：a和b必须保持一致，即a为1时，b也必须为1，a为0时，b也必须为0。

上面这4种约束都是关于输入条件的约束。除了输入条件，输出条件之间也会相互约束。输出条件的约束只有一种，即M（Mask，强制）。在因果图中，使用特定的符号表示输出条件之间的强制约束关系，如图2-3所示。

在输出条件的强制约束关系中，如果a为1，则b强制为0，如果a为0，则b强制为1。

图2-3 强制约束关系

2. 使用因果图法设计测试用例的步骤

使用因果图法设计测试用例需要经过以下5个步骤。

（1）分析程序规格说明书中的描述内容，确定程序的输入与输出，即确定"原因"和"结果"。

（2）分析输入与输入之间、输入与输出之间的对应关系，将这些关系使用因果图表示出来。

（3）由于语法与环境的限制，有些输入与输入之间、输入与输出之间的组合情况是不可能出现的，对于这种情况，使用符号标记它们之间的约束关系。

（4）将因果图转换为决策表（决策表将在2.3.2小节介绍）。

（5）根据决策表设计测试用例。

因果图法考虑了输入的各种组合以及各种输入之间的相互制约关系，可以帮助测试人员按照一定的步骤高效地设计测试用例。此外，因果图法是由自然语言规格说明转化成形式语言规格说明的一种严格方法，它能够发现规格说明书中存在的不足，有助于测试人员完善产品的规格说明。

2.3.2 决策表法概述

在实际测试中，如果输入条件较多，再加上各种输入与输出之间的相互作用关系，画出的因果图就会比较复杂，让人不易理解。为了避免这种情况出现，测试人员往往使用决策表法代替因果图法。

决策表也称为判定表，其实质就是一种逻辑表。在程序设计发展初期，决策表就已经被当作程序开发的辅助工具了，用于帮助开发人员设计开发模式和整理开发流程，因为它可以把复杂的逻辑关系和多种条件组合的情况表达得既具体又明确，利用决策表可以设计出完整的测试用例集合。

为了让读者明白什么是决策表，下面以一个"图书阅读指南"为例来制作一个决策表。"图书阅读指南"指明了图书阅读过程中可能出现的情况，以及针对各种情况给读者的建议。在图书阅读过程中可能会出现3种情况：是否疲倦、是否对内容感兴趣、对书中内容是否感到不理解。如果回答是"是"，则使用"Y"标记，如果回答是"否"，则使用"N"标记。这3种情况可以有$2^3=8$种组合，针对这8种组合，阅读指南给读者提供了4条建议：回到本章开头重读、继续读下去、跳到下一章去读、停止阅读并休息。据此制作的"图书阅读指南"决策表如表2-14所示。

表2-14 "图书阅读指南"决策表

情况与建议		1	2	3	4	5	6	7	8
情况	是否疲倦	Y	Y	Y	Y	N	N	N	N
	是否对内容感兴趣	Y	Y	N	N	N	Y	Y	N
	对书中内容是否感到不理解	Y	N	N	Y	Y	Y	N	N
建议	回到本章开头重读						√		
	继续读下去							√	
	跳到下一章去读					√			√
	停止阅读并休息	√	√	√	√				

表 2–14 就是一个决策表，根据这个决策表阅读图书，能对各种情况的处理一目了然，简洁高效。

决策表通常由 4 个部分组成，具体如下。

● 条件桩：用于列出问题的所有条件，除了某些问题对条件的先后次序有要求外，通常决策表中所列条件的先后次序都无关紧要。

● 条件项：条件桩的所有可能取值。

● 动作桩：对问题可能采取的动作，这些动作一般没有先后次序之分。

● 动作项：指出在条件项的各组取值情况下应采取的动作。

在表 2–14 中，条件桩包括是否疲倦、是否对内容感兴趣、对书中内容是否感到不理解；条件项包括 "Y" 与 "N"；动作桩包括回到本章开头重读、继续读下去、跳到下一章去读、停止阅读并休息；动作项是指在综合情况下所采取的具体动作，例如 "√" 表示确认执行综合情况下采取的具体动作，动作项与条件项紧密相关，它的取值取决于条件项的各组取值情况。

在决策表中，任何一个条件组合的特定取值及其相应要执行的动作称为一条规则，即决策表中的每一列就是一条规则，每一列都可以用于设计一个测试用例。根据决策表设计测试用例可以避免遗漏。

在实际测试中，条件桩通常有多个，而且每个条件桩都有真、假 2 个条件项，有 n 个条件桩的决策表就会有 2^n 条规则。如果为每条规则都设计一个测试用例，不仅工作量大，而且有些工作可能是重复的、无意义的。例如，在表 2–14 中，以第 1、2 条规则为例，第 1 条规则取值为 Y、Y、Y，执行结果为 "停止阅读并休息"；第 2 条规则取值为 Y、Y、N，执行结果也为 "停止阅读并休息"。对于这 2 条规则来说，前 2 个问题的取值相同，执行结果一样，因此第 3 个问题的取值对结果并无影响，这个问题就称为无关条件项，使用 "–" 表示。忽略无关条件项，可以将这 2 条规则进行合并，合并规则 1 与规则 2 如图 2–4 所示。

由图 2–4 可知，规则 1 与规则 2 合并成了一条规则。由于合并之后的无关条件项包含其他条件项取值，因此具有相同动作的规则还可进一步合并，如图 2–5 所示。

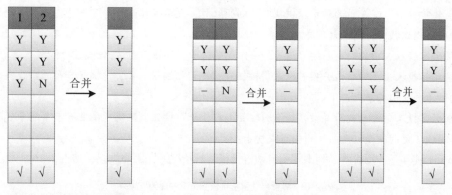

图2–4 合并规则1与规则2   图2–5 进一步合并

由图 2–5 可知，包含无关条件项的规则还可以与其他规则合并。

注意:

图 2-5 只是演示合并后的规则，其还可以与其他规则进一步合并，但规则 1 与规则 2 合并之后就不再存在于决策表中。

将规则进行合并，可以减少重复的规则，相应地减少测试用例的设计，这样可以大幅降低软件测试的工作量。"图书阅读指南"决策表最初有 8 条规则，进行合并之后，只剩下 4 条规则，简化后的"图书阅读指南"决策表如表 2–15 所示。

表 2-15　简化后的"图书阅读指南"决策表

情况与建议		1	2	3	4
情况	是否疲倦	Y	N	N	N
	是否对内容感兴趣	–	N	Y	Y
	对书中内容是否感到不理解	–	–	Y	N
建议	回到本章开头重读			√	
	继续读下去				√
	跳到下一章去读		√		
	停止阅读并休息	√			

简化"图书阅读指南"决策表后，可以看出表 2-15 比表 2-14 更加简洁，在测试时只需要设计 4 个测试用例即可覆盖所有的情况。

相比于因果图法，决策表法能够把复杂的问题的情况按照各种可能全部列举出来，简明且易于理解，也能够避免遗漏，因此在多逻辑条件下执行不同动作的情况下，决策表法使用得更多。在实际的测试过程中，通常将因果图法和决策表法结合使用。

2.3.3　实例一：零食自动售货机售货情况的因果图与决策表绘制

为了演示因果图与决策表的应用，下面以零食自动售货机为例，讲解使用 5 角的硬币和 1 元的硬币在零食自动售货机上购买零食的过程，并绘制因果图与决策表。

假设零食自动售货机主要售卖糖果和饼干，其中糖果和饼干的单价均为 5 角，每次只能投入一枚 5 角的硬币或一枚 1 元的硬币，并按"糖果"按钮或"饼干"按钮进行购买，不能同时按"糖果"按钮和"饼干"按钮。零食自动售货机的具体使用说明如下。

● 如果售货机中没有 5 角的硬币以供找回，则亮红灯，提示顾客此种情况下不要投入 1 元的硬币；如果有 5 角的硬币以供找回，则红灯不亮。

● 如果顾客投入 5 角的硬币并按"糖果"按钮或"饼干"按钮，则送出糖果或饼干。

● 如果顾客投入 1 元的硬币并按"糖果"按钮或"饼干"按钮，且售货机有 5 角的零钱找回，则退出一枚 5 角的硬币并送出糖果或饼干。

● 如果顾客投入 1 元的硬币并按"糖果"按钮或"饼干"按钮，且售货机没有 5 角的零钱找回，则亮红灯，然后退出 1 元的硬币，无法送出糖果或饼干。

通过分析上述 4 条使用说明，列出零食自动售货机售货情况的原因与结果，如表 2-16 所示。

表 2-16　零食自动售货机售货情况的原因与结果

原因		结果	
投入 5 角的硬币	c_1	送出糖果	e_1
投入 1 元的硬币	c_2	送出饼干	e_2
按"糖果"按钮	c_3	退出 5 角的硬币	e_3
按"饼干"按钮	c_4	退出 1 元的硬币	e_4
售货机有没有 5 角钱的零钱可找回	c_5	售货机没有 5 角的零钱找回，亮红灯	e_5

表 2-16 中，一共有 5 个原因，依次按照 $c_1 \sim c_5$ 进行编号；一共有 5 个结果，依次按照 $e_1 \sim e_5$ 进行编号。其中 c_1 与 c_2、c_3 与 c_4 不能同时出现，具有互斥关系。假设每个原因可标记为"Y"或"N"，则一共有 $2^3=8$

条规则，下面用决策表列出这 8 条规则。零食自动售货机售货情况的决策表如表 2-17 所示。

表 2-17 零食自动售货机售货情况的决策表

原因与结果		1	2	3	4	5	6	7	8
原因	c_1	Y	Y	Y	Y				
	c_2					Y	Y	Y	Y
	c_3	Y	Y			Y		Y	
	c_4			Y	Y		Y		Y
	c_5	N	Y	N	Y	Y	Y	N	N
结果	e_1	√		√			√		
	e_2			√		√		√	
	e_3					√		√	
	e_4							√	√
	e_5							√	√

表 2-17 中，由规则 1 和规则 2 可知，无论 c_5 取何值，结果都是 e_1，因此可以将规则 1 和规则 2 合并为一条规则；由规则 3 和规则 4 可知，无论 c_5 取何值，结果都是 e_2，因此可以将规则 3 和规则 4 合并为一条规则；由规则 7 和规则 8 可知，无论 c_3 和 c_4 哪个为 Y，结果都是 e_4 和 e_5，因此可以将规则 7 和规则 8 合并为一条规则。

表 2-18 简化后的零食自动售货机售货情况的决策表

原因与结果		1	2	3	4	5
原因	c_1	Y	Y			
	c_2			Y	Y	Y
	c_3	Y		Y		–
	c_4		Y		Y	–
	c_5	–	–	Y	Y	N
结果	e_1	√		√		
	e_2		√		√	
	e_3		√		√	
	e_4					√
	e_5					√

表 2-18 中 "–" 表示无关条件项，根据简化后的决策表设计 5 个零食自动售货机的测试用例，如表 2-19 所示。

表 2-19 零食自动售货机的测试用例

测试用例	投入硬币	选择零食	是否有零钱	预期结果
test1	5角	选择糖果	无关条件项	送出糖果
test2	5角	选择饼干	无关条件项	送出饼干
test3	1元	选择糖果	有	送出糖果并退出 5 角硬币
test4	1元	选择饼干	有	送出饼干并退出 5 角硬币
test5	1元	无关条件项	没有	显示红灯并退出 1 元硬币

2.3.4　实例二：三角形问题的因果图与决策表绘制

三角形问题是一个非常经典的案例，下面将通过三角形问题讲解决策表的绘制与测试用例的设计。3 边如果能构成三角形，那么是构成一般三角形、等腰三角形还是等边三角形？据此分析，假设三角形的 3 边分别为 a、b、c，则三角形问题有 4 个原因（是否构成三角形、$a=b$?、$b=c$?、$c=a$?）和 5 个结果（不构成三角形、一般三角形、等腰三角形、等边三角形、不符合逻辑），三角形问题的原因与结果如表 2-20 所示。

表 2-20　三角形问题的原因与结果

原因		结果	
是否构成三角形	c_1	不构成三角形	e_1
$a=b$?	c_2	一般三角形	e_2
$b=c$?	c_3	等腰三角形	e_3
$c=a$?	c_4	等边三角形	e_4
		不符合逻辑	e_5

在表 2-20 中，有 4 个原因，每个原因可取值 "Y" 和 "N"，因此共有 $2^4=16$ 条规则，三角形问题的决策表如表 2-21 所示。

表 2-21　三角形问题的决策表

原因与结果		1	2	3	4	5	6	7	8	9	10	11	12	13	14	15	16
原因	c_1	Y	Y	Y	Y	Y	Y	Y	Y	N	N	N	N	N	N	N	N
	c_2	Y	N	Y	N	N	Y	Y	N	Y	N	Y	Y	N	Y	N	N
	c_3	Y	N	N	Y	N	Y	N	Y	Y	N	Y	N	N	Y	N	N
	c_4	Y	N	N	N	Y	N	Y	Y	Y	Y	N	N	Y	N	N	N
结果	e_1									√	√	√	√	√	√	√	√
	e_2		√														
	e_3			√	√	√											
	e_4	√															
	e_5						√	√	√								

在表 2-21 中，由规则 9 ~ 规则 16 可知，只要 c_1 为 N，则 c_2、c_3、c_4 取任何值的结果都是 e_1，因此 c_2、c_3、c_4 为无关条件项。可以将规则 9 ~ 规则 16 合并成一条规则，而剩余其他规则无法合并简化，简化后的三角形问题的决策表如表 2-22 所示。

表 2-22　简化后的三角形问题的决策表

原因与结果		1	2	3	4	5	6	7	8	9
原因	c_1	Y	Y	Y	Y	Y	Y	Y	Y	N
	c_2	Y	N	Y	N	N	Y	Y	N	–
	c_3	Y	N	N	Y	N	Y	N	Y	–
	c_4	Y	N	N	N	Y	N	Y	Y	–

续表

原因与结果		1	2	3	4	5	6	7	8	9
结果	e_1									√
	e_2		√							
	e_3			√	√	√				
	e_4	√								
	e_5						√	√	√	

根据表 2–22 可设计 9 个测试用例用于测试，三角形问题的测试用例如表 2–23 所示。

表 2-23　三角形问题的测试用例

测试用例	a	b	c	预期结果
test1	3	3	3	等边三角形
test2	3	4	5	一般三角形
test3	3	3	4	等腰三角形
test4	4	3	3	等腰三角形
test5	3	4	3	等腰三角形
test6	?	?	?	不符合逻辑
test7	?	?	?	不符合逻辑
test8	?	?	?	不符合逻辑
test9	1	2	3	不构成三角形

在表 2–23 中，由于 test6、test7 和 test8 没有对应的测试数据，并且预期结果都是不符合逻辑，所以这 3 个测试用例可以省略，即不需要测试不符合逻辑的 3 种情况。

2.3.5　实例三：工资发放情况的因果图与决策表绘制

某公司的薪资管理制度如下：员工工资分为年薪制与月薪制 2 种，员工的犯错类型包括普通错误与严重错误 2 种，如果是年薪制的员工，犯普通错误扣款 2%，犯严重错误扣款 4%；如果是月薪制的员工，犯普通错误扣款 4%，犯严重错误扣款 8%。该公司编写了一款软件用于员工工资的计算发放，现在要对该软件进行测试。

对公司员工的工资情况进行分析，可得出员工工资由 4 个因素决定，即年薪、月薪、普通错误、严重错误，其中年薪与月薪不可能并存，但普通错误与严重错误可以并存；而员工最终扣款结果有 7 种，即未扣款、扣款 2%、扣款 4%、扣款 6%（2%+4%）、扣款 4%、扣款 8%、扣款 12%（4%+8%）。由此总结出员工工资发放情况的原因与结果，如表 2–24 所示。

表 2-24　员工工资发放情况的原因与结果

原因		结果	
年薪	c_1	未扣款	e_1
月薪	c_2	扣款 2%	e_2
		扣款 4%	e_3
普通错误	c_3	扣款 6%	e_4
		扣款 4%	e_5
严重错误	c_4	扣款 8%	e_6
		扣款 12%	e_7

在表 2-24 中，有 4 个原因，每个原因有 "Y" 和 "N" 2 个取值，理论上可以组成 2^4=16 条规则。由于 c_1 与 c_2 不能并存，所以只有 2^3=8 条规则，如表 2-25 所示。

表 2-25　员工工资发放情况的决策表

原因与结果		1	2	3	4	5	6	7	8
原因	c_1	Y	Y	Y	Y				
	c_2					Y	Y	Y	Y
	c_3	N	Y	N	Y	N	Y	N	Y
	c_4	N	N	Y	Y	N	N	Y	Y
结果	e_1	√				√			
	e_2		√						
	e_3			√					
	e_4				√				
	e_5						√		
	e_6							√	
	e_7								√

分析该决策表可知，并没有可以合并的规则，因此在测试时需要设计 8 个测试用例，根据公司的薪资情况可设计测试用例，如表 2-26 所示。

表 2-26　员工工资发放情况的测试用例

测试用例	薪资制度	薪资/元	错误程度	扣款/元
test1	年薪制	200000	无	0
test2		250000	普通	5000
test3		300000	严重	12000
test4		350000	普通+严重	21000
test5	月薪制	8000	无	0
test6		10000	普通	400
test7		15000	严重	1200
test8		8000	普通+严重	960

2.4　正交实验设计法

实际的软件测试中，测试的软件通常很复杂，很难从软件的需求规格说明中得出——对应的输入、输出关系，不易划分出等价类，如果使用因果图法，则画出的因果图可能会很庞大。为了合理、有效地进行测试，可以利用正交实验法设计测试用例。本节将讲解正交实验设计法，并通过 2 个实例讲解正交实验设计法的应用。

2.4.1　正交实验设计法概述

正交实验设计法（Orthogonal Experimental Design）是指从大量的实验点中挑选出适量的、有代表性的点，依据 Galois 理论导出 "正交表"，从而合理地安排实验的一种实验设计方法。正交实验设计法是研究多因素、多水平问题的一种实验方法，在上生物课时，经常会用这种方法研究植物的生长状况。一株植物的生长状况会受到多种因素的影响，包括种子质量等内部因素的影响，还包括阳光、空气、水分、土壤等外部因素的影响。在软件测试中，如果软件比较复杂，也可以利用正交实验法设计测试用例对软件进行测试。

正交实验设计法包含 3 个关键因素，具体如下。

- 指标：判断实验结果优劣的标准。
- 因子：也称为因素，是指所有影响实验指标的条件。
- 因子的状态：也叫因子的水平，它是指因子变量的取值。

利用正交实验设计法设计测试用例时，可以按照以下 3 个步骤进行。

1. 提取因子，构造因子–状态表

分析软件的需求规格说明书以得到影响软件功能的因子，确定因子可以有哪些取值，即确定因子的状态。例如，某一软件的运行受到操作系统和数据库的影响，因此影响其运行的因子有操作系统和数据库，而操作系统有 Windows、Linux、macOS 这 3 个取值，数据库有 MySQL、MongoDB、Oracle 这 3 个取值，所以操作系统的因子状态数为 3，数据库的因子状态数为 3。据此构造该软件运行功能的因子–状态表，如表 2-27 所示。

表 2-27　因子–状态表

因子	因子的状态		
操作系统	Windows	Linux	macOS
数据库	MySQL	MongoDB	Oracle

2. 加权筛选，简化因子–状态表

在实际软件测试中，软件的因子及因子的状态会有很多，每个因子及其状态对软件的影响也大不相同，如果把这些因子及其状态都划分到因子–状态表中，最后生成的测试用例会相当庞大，从而会影响软件测试的效率。因此需要根据因子及其状态的重要程度进行加权筛选，选出重要的因子及其状态，简化因子–状态表。

加权筛选是指根据因子或因子的状态的重要程度、出现频率等因素计算因子和因子的状态的权值，权值越大，表明因子或因子的状态越重要，而权值越小，表明因子或因子的状态的重要性越小。加权筛选之后，可以去掉一部分权值较小的因子或因子的状态，使得最后生成的测试用例缩减到允许的范围。

3. 构建正交表，设计测试用例

正交表的表示形式为 $L_n(t^c)$，具体说明如下。

- L 表示正交表。
- n 为正交表的行数，正交表的每一行可以用于设计一个测试用例，因此行数 n 也表示可以设计的测试用例的数目。
- c 表示正交实验的因子数目，即正交表的列数，因此正交表是一个 n 行 c 列的表。
- t 称为水平数，表示每个因子能够取得的最大值，即因子有多少个状态。

例如 $L_4(2^3)$ 是较为简单的正交表，它表示该实验有 3 个因子，每个因子有 2 个状态，可以做 4 次实验。如果用 0 和 1 表示每个因子的 2 种状态，则该正交表就是一个 4 行 3 列的表。$L_4(2^3)$ 正交表如表 2-28 所示。

表 2-28　$L_4(2^3)$ 正交表

行	列		
	1	2	3
1	1	1	1
2	1	0	0
3	0	1	0
4	0	0	1

假设表 2–28 中的 3 个因子为登录用户名、密码和验证码，每个因子有正确（用 1 表示）和错误（用 0 表示）2 种状态，正常情况下需要设计 $2^3=8$ 个测试用例，然而使用正交表只需要设计 4 个测试用例就可以达到同样的测试效果。因此，正交实验法是一种高效、快速、经济的实验设计方法。

在表 2–28 中，每个因子都有 2 种状态，这样的正交实验比较容易设计正交表。但在实际软件测试中，大多数情况下，软件有多个因子，每个因子的状态数目都不相同，即各列的水平数不等，这样的正交表称为混合正交表，例如 $L_8(2^4 \times 4^1)$，这个正交表表示有 4 个因子有 2 种状态，有 1 个因子有 4 种状态。混合正交表往往难以确定测试用例的数目，此时用 n 表示测试用例的数目，这种情况下，读者可以登录正交表的权威网站，查询 n 值。本书为读者提供一个正交表查询网站，网站主页如图 2–6 所示。

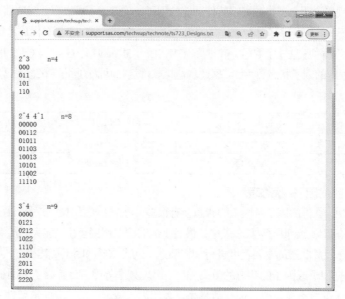

图2-6　正交表查询网站主页

在图 2–6 所示的网站中，读者可以查询到不同因子数、不同水平数的正交表的 n 值。在该网站查找到 $2^4 \times 4^1$ 的正交表 n 值为 8。$L_8(2^4 \times 4^1)$ 的正交表设计如表 2–29 所示。

表 2-29　$L_8(2^4 \times 4^1)$的正交表设计

行	列				
	1	2	3	4	5
1	0	0	0	0	0
2	0	0	1	1	2
3	0	1	0	1	1
4	0	1	1	0	3
5	1	0	0	1	3
6	1	0	1	0	1
7	1	1	0	0	2
8	1	1	1	1	0

由表 2–29 可知，第 1～4 列有 2 种状态，分别是 0 和 1，第 5 列有 4 种状态，分别是 0、1、2、3，符合 $L_8(2^4 \times 4^1)$ 的形式，即有 4 个因子有 2 种状态，有 1 个因子有 4 种状态。

正交表最大的特点是取点均匀分散、整齐可比，每一列中每种数字出现的次数都相等，即每种状态的取值次数相等。例如，在表 2–28 中，每一列都是取 2 个 0 和 2 个 1；在表 2–29 中，第 1~4 列中，0 和 1 的取值个数都是 4，在第 5 列中，0、1、2、3 的取值个数都是 2。此外，任意 2 列组成的对数出现的次数相等。例如，在表 2–28 中，第 1~2 列共组成 4 对数据：(1,1)、(1,0)、(0,1)、(0,0)。这 4 对数据各出现 1 次，其他任意 2 列也如此。在表 2–29 中，第 1~2 列组成的数据对有 4 个：(0,0)、(0,1)、(1,0)、(1,1)，这 4 对数据出现的次数各为 2 次。在正交表中，每个因子的每个水平与另一个因子的各水平都"交互"一次，这就是正交性，它保证了实验点均匀分散在因子与水平的组合之中，因此具有很强的代表性。

对于受多因子、多水平影响的软件，正交实验法可以高效、适量地生成测试用例，减少测试工作量，并且利用正交实验法得到的测试用例具有一定的覆盖率，检错率可在 50% 以上。正交实验法虽然好用，但在选择正交表时要注意先确定实验因子、因子的状态及它们之间的交互作用，同时还要考虑实验的精度要求、费用、时长等因素。

2.4.2　实例一：微信 Web 页面运行环境正交实验设计

微信是一款手机 App 软件，但也有 Web 版微信可以登录。如果要测试微信 Web 页面运行环境，需要考虑多种因素，在众多的因素中，可以选出几个影响比较大的因素，例如服务器、操作系统、插件和浏览器。对于选出的 4 个影响因素，每个因素又有不同的取值。同样，在每个因素的多个取值中，可以选出几个比较重要的值，具体如下。

- 服务器：IIS、Apache、Jetty。
- 操作系统：Windows 7、Windows 10、Linux。
- 插件：无、小程序、微信插件。
- 浏览器：IE 11、Chrome、Firefox。

由上述分析可知，微信 Web 页面运行环境正交实验中有 4 个因子，即服务器、操作系统、插件、浏览器，每个因子又有 3 个水平，因此该正交表是一个 4 因子 3 水平正交表。通过查询正交表查询网站可得其 n 值为 9，即 $L_9(3^4)$。如果按照上述水平的所列顺序，从左至右为每个水平编号 0、1、2，则生成一个 9 行 4 列的正交表。$L_9(3^4)$ 正交表如表 2–30 所示。

表 2-30　$L_9(3^4)$ 正交表

行	列			
	1	2	3	4
1	0	0	0	0
2	0	1	2	1
3	0	2	1	2
4	1	0	2	2
5	1	1	1	1
6	1	2	0	1
7	2	0	1	1
8	2	1	0	2
9	2	2	2	0

表 2–30 中的水平编号分别代表因子的不同取值，将因子、水平映射到正交表，可生成具体的测试用例，微信 Web 页面运行环境测试用例如表 2–31 所示。

表 2-31   微信 Web 页面运行环境测试用例

行	列			
	服务器	操作系统	插件	浏览器
1	IIS	Windows 7	无	IE 11
2	IIS	Windows 10	微信插件	Chrome
3	IIS	Linux	小程序	Firefox
4	Apache	Windows 7	微信插件	Firefox
5	Apache	Windows 10	小程序	IE 11
6	Apache	Linux	无	Chrome
7	Jetty	Windows 7	小程序	Chrome
8	Jetty	Windows 10	无	Firefox
9	Jetty	Linux	微信插件	IE 11

表 2-31 中每一行都是一个测试用例，即微信 Web 页面的一个运行环境。对于该实例，如果使用因果图法，则要设计 3^4=81 个测试用例，而使用正交实验设计法，只需要设计 9 个测试用例就可以完成测试。

正交实验法虽然高效，但并不是对每种软件测试都适用。在实际测试中，正交实验法其实使用得比较少，但读者要理解这种方法的设计模式和思维方式。

2.4.3   实例二：用户筛选功能正交实验设计

随着计算机软件技术的飞速发展，越来越多的公司以及求职者选择线上面试。在网上求职应聘时，求职者需要在求职网站上填写姓名、性别、年龄、学历等个人信息，以便公司对不同条件的求职者进行筛选。

假设有一个招聘软件，招聘人员可以根据多个因素来筛选求职者。下面选择城市、招聘岗位、学历、计算机等级和工作经验作为关键因素，每个因素都有不同的取值，具体如下。

- 城市：北京、上海、深圳、广州。
- 招聘岗位：产品运营、产品经理、软件测试、软件工程师。
- 学历：高中、专科、本科、研究生。
- 计算机等级：计算机一级、计算机二级、计算机三级、计算机四级。
- 工作经验：1 年、2 年、3 年、4 年。

下面使用正交实验设计法测试招聘人员根据关键因素筛选求职者的功能。在使用正交实验设计法时，首先提取有效因子，通过前面的描述可知，一共有城市、招聘岗位、学历、计算机等级和工作经验 5 个因子，每个因子有 4 个水平，因此可以设计一个 5 因子 4 水平正交表。

在设计正交表时，除了正交表查询网站外，还可以通过 Allpairs 工具自动生成正交表，该工具使用简单且能直接根据数据自动生成正交表。Allpairs 工具官网下载页面如图 2-7 所示。

图2-7   Allpairs工具官网下载页面

在图 2-7 所示页面中单击"Allpairs 1.2.1"下载超链接后，进入"Download Allpairs 1.2.1"页面，如图 2-8 所示。

图2-8 "Download Allpairs 1.2.1"页面

在图 2-8 所示页面中，单击"DOWNLOAD NOW"按钮，会弹出"Allpairs Download locations"页面，如图 2-9 所示。

图2-9 "Allpairs Download locations"页面

在图 2-9 所示页面中，单击"Softpedia Secure Download (US)"即可下载 Allpairs 工具。下载成功后，得到一个 pairs.zip 文件，将该文件解压到计算机 D 盘的 Allpairs 文件夹中即可。

下面详细介绍如何使用 Allpairs 工具自动生成一个 5 因子 4 水平的正交表。首先在 pairs.zip 文件解压的同一目录下新建一个 test.txt 文件，在该文件中填写因子与水平，test.txt 文件如图 2-10 所示。

图 2-10 所示的文件中分别填写了城市、招聘岗位、学历、计算机等级和工作经验 5 个因子，以及这 5 个因子的取值。

接着打开 pairs.zip 文件解压后所在的目录，在该目录上方的路径输入框中输入"cmd"并按"Enter"键，进入命令提示符窗口，如图 2-11 所示。

图2-10 test.txt文件

图2-11 命令提示符窗口

在图 2-11 所示的窗口中，执行"allpairs.exe test.txt>test01.excel"命令，表示将 test.txt 文件中填写的 5 因

子 4 水平生成文件名为 test01、文件类型为.excel 的正交表。按"Enter"键后，如果命令提示符窗口没有显示异常信息，则说明 test.txt 文件成功生成了 test01.excel 文件，即成功生成正交表，生成的正交表能够在 pairs.zip 文件解压后所在的目录中进行查看。pairs.zip 文件解压后所在的目录如图 2-12 所示。

在图 2-12 中，test.txt 是前面手动创建的文件，test01.excel 是通过在命令行提示符窗口中执行"allpairs.exe test.txt>test01.excel"命令后自动生成的文件。双击 test01.excel 文件即可查看生成的正交表，test01.excel 正交表如图 2-13 所示。

图2-12　pairs.zip文件解压后所在的目录

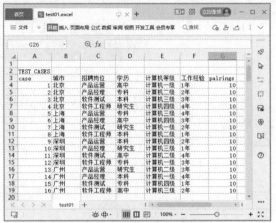

图2-13　test01.excel正交表

由图 2-13 可知，使用正交实验设计法测试招聘人员根据关键因素筛选求职者的功能时，只需要设计 16 个测试用例即可。需要说明的是，pairings 是 Allpairs 工具自动生成的一列数据，不会影响测试用例的设计，可以忽略。

在使用正交实验设计法设计测试用例时，读者可以使用正交表查询网站，也可以使用 Allpairs 工具直接生成正交表来设计测试用例。由于Allpairs工具使用简单，所以推荐读者在设计测试用例时优先选择Allpairs工具。

2.5　场景法

场景法是黑盒测试中的一种方法，使用其他测试方法（例如等价类划分法、边界值分析法等）设计测试用例时能够测试大部分业务功能，但是在测试涉及业务流程的软件系统时，更适合使用场景法。本节将讲解场景法，并通过 2 个实例讲解场景法的应用。

2.5.1　场景法概述

场景法也叫流程图法，是指通过模拟用户操作软件时的场景来对系统的功能或业务流程进行测试。场景法通常用于测试多个功能之间的组合使用情况，以及用于集成测试、系统测试和验收测试阶段。

根据用户操作流程的正确性来划分时，场景法将用户的操作流程分为基本流和备选流。基本流也称为有效流，用来模拟用户正确的操作流程；备选流也称为无效流、错误流，用来模拟用户错误的操作流程。基本流和备选流如图 2-14 所示。

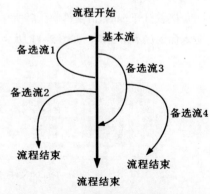

图2-14　基本流和备选流

由图 2-14 可知,基本流有 1 条,备选流有 4 条。备选流可以从基本流开始,例如备选流 1、备选流 2 和备选流 3;备选流也可以从备选流开始,例如备选流 4。通过分析图 2-14,可以确定测试场景如下。

- 场景 1:基本流。
- 场景 2:基本流→备选流 1。
- 场景 3:基本流→备选流 1→备选流 2。
- 场景 4:基本流→备选流 1→备选流 3。
- 场景 5:基本流→备选流 1→备选流 3→备选流 4。
- 场景 6:基本流→备选流 2。
- 场景 7:基本流→备选流 3。
- 场景 8:基本流→备选流 3→备选流 4。

在场景法中每一个场景是一条流程路径,根据流程路径的数量即可设计测试用例。使用场景法设计测试用例可以按照以下 4 个步骤进行。

- 步骤 1:分析需求规格说明书。
- 步骤 2:根据需求规格说明书绘制流程图。
- 步骤 3:根据流程图确定测试场景。
- 步骤 4:根据测试场景设计测试用例。

在绘制流程图时,首先需要确定测试场景中的关键业务以及各个业务之间的操作顺序,然后用箭头连接即可。流程图常用的符号、名称与说明如表 2-32 所示。

表 2-32　流程图常用的符号、名称与说明

符号	名称	说明
	椭圆	表示流程的开始或结束
	平行四边形	表示流程的输入或输出
	长方形	表示处理或执行
	菱形	表示对某个条件的判断
	箭头	表示流程进行的方向

2.5.2　实例一:电商网站购物场景分析

如今电商行业的发展非常迅速,许多公司开始研发电商网站,为用户提供更多的购物渠道。假设某公司研发了一个电商网站,现需要测试人员按照"注册→登录→挑选商品→将商品加入购物车→支付→查看订单"的流程进行测试。在使用电商网站进行购物时,首先进行注册,如果注册失败,则需要重新注册,直到注册成功后才可以登录电商网站。如果登录失败,则需要重新登录。该电商网站的支付方式有 3 种,分别是微信、银行卡和支付宝,如果用这 3 种方式都支付失败,则需要返回支付环节重新支付,直到支付成功后才能查看订单。

为了让读者掌握场景法的使用,下面通过场景法测试用户在电商网站购物的过程。首先分析前面的需求描述,然后画出用户在电商网站购物的流程图。购物流程图如图 2-15 所示。

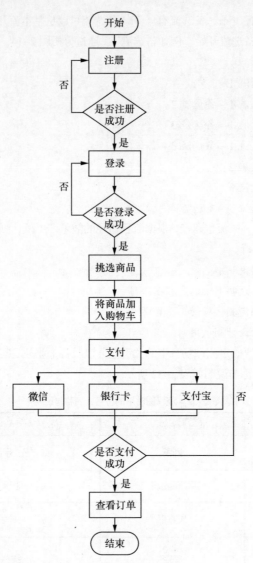

图2-15　购物流程图

分析图 2-15 可知，基本流有 1 条，备选流有 3 条，具体如下。

● 基本流：注册→登录→挑选商品→将商品加入购物车→支付→查看订单。

● 备选流 1：注册失败。

● 备选流 2：注册成功→登录失败。

● 备选流 3：注册成功→登录成功→挑选商品→将商品加入购物车→支付失败。

通过对基本流和备选流进行分析，可以得出 4 个测试场景，具体如下。

● 场景 1：基本流。

● 场景 2：基本流+备选流 1。

● 场景 3：基本流+备选流 2。

● 场景 4：基本流+备选流 3。

在使用场景法设计测试用例时，每一个场景对应一个测试用例。下面根据 4 个测试场景来设计测试用例，电商网站购物的测试用例如表 2-33 所示。

表 2-33 电商网站购物的测试用例

测试用例	测试场景	测试数据	预期结果
test1	场景 1	有效的账号和密码，用微信、银行卡、支付宝均支付成功	成功购物
test2	场景 2	无效的注册账号	注册失败
test3	场景 3	账号或密码错误	登录失败
test4	场景 4	有效的账号和密码，用微信、银行卡、支付宝均支付失败	支付失败

需要说明的是，在实际的测试过程中，首先应使用等价类划分法或边界值分析法对单个功能（例如注册功能、登录功能、支付功能等）设计测试用例进行测试，然后结合场景法设计测试用例对整个购物流程开展测试。

2.5.3 实例二：ATM 取款场景分析

ATM（Automated Teller Machine，自动柜员机）可用于提取现金、查询存款余额、转账等。假设需要使用场景法测试某银行 ATM 的取款业务流程，银行给出的需求规格说明是：用户在 ATM 中插入有效的银行卡，输入正确的密码后选择取款业务，然后输入取款金额，待出钞后选择退卡即可完成取款。在取款的过程中，如果出现以下 4 种情况将取款失败，此时选择退卡，结束流程。

- 密码输入错误的次数超过 3 次。
- 输入的取款金额不是 100 的倍数。
- 输入的取款金额大于账户余额。
- 输入的取款金额大于 ATM 取款额度。

下面通过上述需求规格说明，画出取款的流程图。ATM 取款流程图如图 2-16 所示。

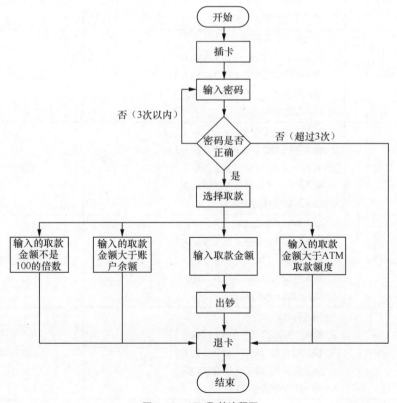

图2-16 ATM取款流程图

分析图 2–16 可知，基本流有 1 条，备选流有 5 条，具体如下。

- 基本流：插卡→输入密码→选择取款→输入取款金额→出钞→退卡。
- 备选流 1：插卡→输入密码错误（3 次以内）→选择取款→输入取款金额→出钞→退卡。
- 备选流 2：插卡→输入密码错误（超过 3 次）→退卡。
- 备选流 3：插卡→输入密码→选择取款→输入的取款金额不是 100 的倍数→退卡。
- 备选流 4：插卡→输入密码→选择取款→输入的取款金额大于账户余额→退卡。
- 备选流 5：插卡→输入密码→选择取款→输入的取款金额大于 ATM 取款额度→退卡。

通过对基本流和备选流进行分析，可以得出 6 个测试场景，具体如下。

- 场景 1：基本流。
- 场景 2：基本流+备选流 1。
- 场景 3：基本流+备选流 1+备选流 3。
- 场景 4：基本流+备选流 1+备选流 4。
- 场景 5：基本流+备选流 1+备选流 5。
- 场景 6：基本流+备选流 2。

下面根据上面列出的 6 个测试场景来设计测试用例，假设测试的银行卡有效，密码为 123456，账户余额为 5000 元，ATM 取款额度为 3000 元。ATM 取款的测试用例如表 2–34 所示。

表 2-34　ATM 取款的测试用例

测试用例	测试场景	测试数据	预期结果
test1	场景 1	1. 插入有效的银行卡； 2. 输入密码 123456； 3. 输入取款金额为 1000	取出 1000 元并退卡
test2	场景 2	1. 插入有效的银行卡； 2. 输入密码 123455（第 1 次输入）； 3. 输入密码 123450（第 2 次输入）； 4. 输入密码 123456（第 3 次输入）； 5. 输入取款金额为 1000	取出 1000 元并退卡
test3	场景 3	1. 插入有效的银行卡； 2. 输入密码 123455（第 1 次输入）； 3. 输入密码 123450（第 2 次输入）； 4. 输入密码 123456（第 3 次输入）； 5. 输入取款金额为 1551	取款失败并退卡
test4	场景 4	1. 插入有效的银行卡； 2. 输入密码 123455（第 1 次输入）； 3. 输入密码 123450（第 2 次输入）； 4. 输入密码 123456（第 3 次输入）； 5. 输入取款金额为 6000	取款失败并退卡
test5	场景 5	1. 插入有效的银行卡； 2. 输入密码 123455（第 1 次输入）； 3. 输入密码 123450（第 2 次输入）； 4. 输入密码 123456（第 3 次输入）； 5. 输入取款金额为 4000	取款失败并退卡

续表

测试用例	测试场景	测试数据	预期结果
Test6	场景 6	1. 插入有效的银行卡； 2. 输入密码 123455（第 1 次输入）； 3. 输入密码 123450（第 2 次输入）； 4. 输入密码 123451（第 3 次输入）	取款失败并退卡

需要说明的是，在实际的银行 ATM 取款业务中，还有其他业务场景需要考虑，例如银行卡插入后是否识别成功、密码输入错误达到一定次数时是否会吞卡、ATM 中是否有钞票等。本实例仅针对假设给定的需求进行分析，读者在今后的测试过程中，如果需要使用场景法测试类似取款的业务，则需要结合实际的需求规格说明书，首先画出业务流程图，然后通过分析流程图列出基本流与备选流，确定测试的场景，最后根据场景设计出测试用例即可完成测试任务。

多学一招: 错误推测法

错误推测法是指测试人员在测试程序的过程中，根据测试经验或直觉推测程序中可能存在的错误，从而有针对性地设计测试用例的方法，该方法通常作为设计测试用例的补充方法。错误推测法不是一个有章可循的方法，其通常做法是测试人员在阅读需求规格说明书时，根据平时测试工作过程中发现的错误相关数据和总结猜测可能被忽略的内容。错误推测法能够充分体现测试人员的经验，但是对于经验或测试技能不足的测试人员，不建议使用该方法，可以先使用其他方法（例如等价类划分法、边界值分析法等）设计测试用例。如果其他方法不行，再使用错误推测法。

2.6　状态迁移图法

在软件测试的过程中，如果测试的项目中某种条件发生改变导致系统或对象的状态发生改变，则适合使用状态迁移图法设计测试用例。使用状态迁移图法可以设计逆向的测试用例，例如状态和事件的非法组合。本节将讲解状态迁移图法，并通过 2 个实例讲解状态迁移图法的应用。

2.6.1　状态迁移图法概述

状态迁移图法（State Transition Diagram，STD）是黑盒测试的一种方法，状态迁移图用来描述系统或对象的状态，以及导致系统或对象状态发生改变的事件。状态迁移图法是通过分析被测系统的状态，以及这些状态之间的转换条件和路径来设计测试用例的一种方法，它主要用于验证在给定的条件内，系统对象是否能够发生状态的改变，以及是否存在不可能达到的状态或非法的状态等。在状态迁移图中，由一个状态、事件所确定的下一个状态可能会有多个，实际迁移到哪一个状态，由触发条件决定。

状态迁移图法主要关注测试状态转移的正确性，将被测系统中业务流程的每个节点用状态来描述，通过触发的事件来完成各个状态之间的迁移。使用状态迁移图法设计测试用例的具体步骤如下。

1. 绘制状态迁移图

在使用状态迁移图法设计测试用例时，首先需要根据需求规格说明书分析被测系统中有哪些状态以及每个状态之间的迁移关系，然后绘制状态迁移图。在状态迁移图中，通常使用圆圈表示状态，使用箭头表示迁移的方向，在箭头的上方或下方描述状态迁移的条件。

2. 列出状态–事件表

根据绘制好的状态迁移图，分析各个状态之间不同的输入导致的状态迁移，列出状态–事件表。

3. 绘制状态转换树并推导测试路径

为了更好地推导测试路径，通常会借助状态转换树。首先确定一个根节点，然后向后延伸，直到所有的状态都包含在状态转换树中，从根节点到每一个子节点的路径即测试路径。

4. 设计测试用例

在设计测试用例时，选取达到规定的测试覆盖率的测试路径，并针对每条路径设计一个或多个测试用例。需要说明的是，状态迁移图法通常也需要结合等价类划分法和边界值分析法来设计测试用例。

2.6.2 实例一：小兔鲜商城订单状态迁移图

为了让读者掌握如何使用状态迁移图法设计测试用例，下面以小兔鲜商城项目为例，使用状态迁移图法讲解小兔鲜商城订单状态的迁移。

假设小兔鲜商城的需求是：用户在搜索商品后，将商品加入购物车进行购买，用户提交订单后生成订单，订单状态转变为待支付，若支付失败，则订单状态转变为订单取消，若支付成功，则订单状态转变为待发货；商家发货后，订单状态转变为待收货；买家确认收货后，订单状态转变为订单完成；用户可在待发货状态和待收货状态下申请退货或取消申请，若用户申请退货，则订单状态均转变为售后；商家同意退货后，订单状态转变为已退货；退货成功时，订单状态转变为订单完成；如果用户在申请退货后，又取消申请，则订单状态转变为待发货或待收货；商家发货并且买家确认收货后订单状态才转变为订单完成。

根据上述需求描述，可以画出小兔鲜商城订单状态迁移图，如图2-17所示。

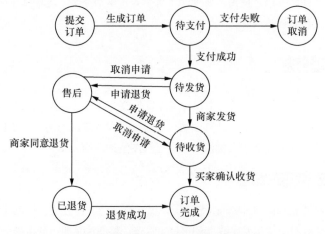

图2-17　小兔鲜商城订单状态迁移图

在图2-17中，一共有8个状态，分别是提交订单、待支付、订单取消、待发货、待收货、售后、已退货和订单完成。根据小兔鲜商城订单状态迁移图绘制状态-事件表，小兔鲜商城订单状态-事件表如表2-35所示。

表2-35　小兔鲜商城订单状态-事件表

前一状态	事件	后一状态
提交订单	生成订单	待支付
待支付	支付失败	订单取消
待支付	支付成功	待发货
待发货	申请退货	售后
售后	取消申请	待发货

续表

前一状态	事件	后一状态
待发货	商家发货	待收货
待收货	申请退货	售后
售后	取消申请	待收货
待收货	买家确认收货	订单完成
售后	商家同意退货	已退货
已退货	退货成功	订单完成

为了能够更好地确定测试路径，需要根据状态迁移图画出小兔鲜商城订单状态转换树，如图 2-18 所示。

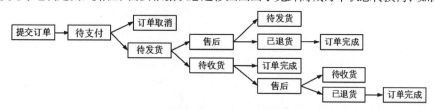

图2-18　小兔鲜商城订单状态转换树

通过分析图 2-18 可知，一共有 6 条测试路径，具体如下。

- 测试路径 1：提交订单→待支付→订单取消。
- 测试路径 2：提交订单→待支付→待发货→售后→待发货。
- 测试路径 3：提交订单→待支付→待发货→售后→已退货→订单完成。
- 测试路径 4：提交订单→待支付→待发货→待收货→订单完成。
- 测试路径 5：提交订单→待支付→待发货→待收货→售后→待收货。
- 测试路径 6：提交订单→待支付→待发货→待收货→售后→已退货→订单完成。

根据以上 6 条测试路径即可设计测试用例来测试订单状态迁移的过程。小兔鲜商城订单状态迁移的测试用例如表 2-36 所示。

表 2-36　小兔鲜商城订单状态迁移的测试用例

测试用例	测试路径	前置条件	测试步骤	预期结果
test1	1	1. 成功注册、登录的用户； 2. 成功搜索商品并将其加入购物车	1. 选择购物车中的商品提交订单； 2. 使用余额不足的银行卡支付； 3. 选择取消订单	成功取消订单
test2	2	1. 成功注册、登录的用户； 2. 成功搜索商品并将其加入购物车	1. 选择购物车中的商品提交订单； 2. 使用可正常支付的银行卡支付； 3. 申请退货； 4. 取消申请	成功取消申请
test3	3	1. 成功注册、登录的用户； 2. 成功搜索商品并将其加入购物车	1. 选择购物车中的商品提交订单； 2. 使用可正常支付的银行卡支付； 3. 申请退货； 4. 商家同意退货； 5. 退货成功	成功退货

续表

测试用例	测试路径	前置条件	测试步骤	预期结果
test4	4	1. 成功注册、登录的用户； 2. 成功搜索商品并将其加入购物车	1. 选择购物车中的商品提交订单； 2. 使用可正常支付的银行卡支付； 3. 商家发货； 4. 买家确认收货	成功购物
test5	5	1. 成功注册、登录的用户； 2. 成功搜索商品并将其加入购物车	1. 选择购物车中的商品提交订单； 2. 使用可正常支付的银行卡支付； 3. 商家发货； 4. 买家申请退货； 5. 取消申请	成功取消申请
test6	6	1. 成功注册、登录的用户； 2. 成功搜索商品并将其加入购物车	1. 选择购物车中的商品提交订单； 2. 使用可正常支付的银行卡支付； 3. 商家发货； 4. 买家申请退货； 5. 商家同意退货； 6. 退货成功	成功退货

由于状态迁移图法主要用于验证被测系统在特定条件下状态的转移过程是否合法，所以本实例设计的测试用例中，测试步骤描述的使用余额不足的银行卡支付、商家发货、买家确认收货等均是在前置条件成立的情况下进行测试的。在实际的测试工作中，需要结合用户的真实购物场景进行测试，这样才能减少被测系统或软件出现的缺陷。

2.6.3 实例二：飞机售票系统状态迁移图

为了加深读者对状态迁移图法的理解，下面以飞机售票系统为例，讲解用户从预订机票到使用机票过程中机票状态的迁移情况。

假设飞机售票系统的需求是：乘客可以通过小程序预约购买机票，预约成功时，机票状态为已预订；乘客提交订单并成功支付机票费用后，机票状态为已支付；乘客到机场取出机票后，机票状态为已出票；乘客登机检票后，机票状态为已使用；在登机前，例如在已预订、已支付或已出票的状态下，乘客可以取消订单，在这3种情况下取消订单时，机票状态都为已取消。

现需要根据上述给出的需求测试飞机售票系统中机票状态迁移的过程，首先通过分析需求，画出状态迁移图。机票状态迁移图如图2-19所示。

图2-19中的机票状态迁移图一共由5个状态组成，分别是已预订、已支付、已出票、已使用和已取消。根据机票状态迁移图绘制机票状态-事件表，如表2-37所示。

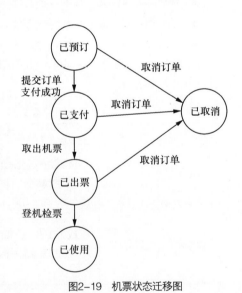

图2-19　机票状态迁移图

表2-37　机票状态-事件表

前一状态	事件	后-状态
已预订	取消订单	已取消
已预订	提交订单支付成功	已支付
已支付	取消订单	已取消

续表

前一状态	事件	后一状态
已支付	取出机票	已出票
已出票	取消订单	已取消
已出票	登机检票	已使用

为了能够更好地确定测试路径，需要根据状态迁移图画出状态转换树，机票状态转换树如图 2-20 所示。

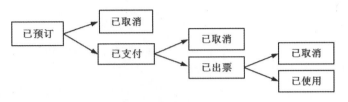

图2-20　机票状态转换树

通过分析图 2-20 可知，一共有 4 条测试路径，具体如下。

- 测试路径 1：已预订→已取消。
- 测试路径 2：已预订→已支付→已取消。
- 测试路径 3：已预订→已支付→已出票→已取消。
- 测试路径 4：已预订→已支付→已出票→已使用。

假设需要测试用户从预订机票到使用机票过程中机票状态的迁移过程，根据上述 4 条测试路径可以设计 4 个测试用例，如表 2-38 所示。

表 2-38　机票状态迁移的测试用例

测试用例	测试路径	前置条件	测试步骤	预期结果
test1	1	1. 成功注册、登录的用户； 2. 成功设置出发地和目的地； 3. 成功选择所需舱位	1. 预订所选舱位的机票； 2. 取消订单	成功取消订单
test2	2	1. 成功注册、登录的用户； 2. 成功设置出发地和目的地； 3. 成功选择所需舱位	1. 预订所选舱位的机票； 2. 支付机票费用； 3. 取消订单	成功取消订单
test3	3	1. 成功注册、登录的用户； 2. 成功设置出发地和目的地； 3. 成功选择所需舱位	1. 预订所选舱位的机票； 2. 支付机票费用； 3. 取出机票； 4. 取消订单	成功取消订单
test4	4	1. 成功注册、登录的用户； 2. 成功设置出发地和目的地； 3. 成功选择所需舱位	1. 预订所选舱位的机票； 2. 支付机票费用； 3. 取出机票； 4. 检票	成功登机

┃┃ 多学一招：设计测试用例的方法选择

在使用黑盒测试方法设计测试用例的过程中，如果测试模块具有输入功能，但是输入功能之间没有组合关系，则选择等价类划分法；如果测试模块的功能对输入有边界限制，例如长度范围、数值类型等方面的限制，则选择边界值分析法；如果测试模块具有多输入、多输出、输入与输入之间存在组合关系、输入与输出之间存在依赖或制约关系的情况，则可以选择因果图法与决策表法；如果想要用最少的测试用例获得测试模块的最大测试覆盖率，则可以选择正交实验设计法；如果测试模块包含多个功能的组合，则可以选择场景法；如果测试模块在特定条件下会发生状态的改变，则可以选择状态迁移图法。通常，对于测试经验丰富的测试人员来说，还会使用错误推测法来进一步补充测试用例的设计。

2.7　本章小结

本章主要讲解了黑盒测试常用的方法，包括等价类划分法、边界值分析法、因果图法与决策表法、正交实验设计法、场景法和状态迁移图法。通过本章的学习，读者能够掌握每种测试方法的原理与测试用例的设计方法，可为后续学习实际软件项目测试奠定基础。

2.8　本章习题

一、填空题

1. 等价类划分就是将输入数据按照输入需求划分为若干个子集，这些子集称为_____。
2. _____通常作为等价类划分法的补充。
3. 因果图中的_____关系要求程序有一个输入和一个输出，输出与输入保持一致。
4. 因果图的多个输入之间的约束包括_____、_____、_____、_____共4种。
5. 决策表通常由_____、_____、_____、_____共4个部分组成。
6. 根据用户操作流程的正确性来划分，场景法通常分为_____和_____。

二、判断题

1. 有效等价类可以捕获程序中的缺陷，而无效等价类不能捕获缺陷。（　）
2. 如果程序要求输入值是一个有限区间内的值，可以划分一个有效等价类和一个无效等价类。（　　）
3. 使用边界值分析法测试时，只取边界两个值即可完成边界测试。（　　）
4. 因果图考虑了程序输入、输出之间的各种组合情况。（　　）
5. 决策表法是由因果图法演变而来的。（　　）
6. 正交实验设计法比较适用于复杂的大型项目。（　　）

三、单选题

1. 下列选项中，哪一项不是因果图中输入与输出之间的关系？（　　）
A. 恒等　　　　　　B. 或　　　　　　C. 非　　　　　　D. 唯一
2. 下列选项中，哪一项是因果图中输出之间的约束关系？（　　）
A. 异　　　　　　B. 或　　　　　　C. 强制　　　　　　D. 要求
3. 下列选项中，哪一项不是正交实验设计法的关键因素？（　　）
A. 指标　　　　　　B. 因子　　　　　　C. 因子状态　　　　　　D. 正交表

四、简答题

1. 请简述等价类划分法的原则。
2. 请简述决策表的条件项的合并规则。
3. 请简述基于正交实验设计法的测试用例设计步骤。

第 **3** 章

白盒测试方法

学习目标

★ 掌握基本路径法的使用，能够应用基本路径法设计测试用例

★ 掌握语句覆盖法的使用，能够应用语句覆盖法设计测试用例

★ 掌握判定覆盖法的使用，能够应用判定覆盖法设计测试用例

★ 掌握条件覆盖法的使用，能够应用条件覆盖法设计测试用例

★ 掌握判定-条件覆盖法的使用，能够应用判定-条件覆盖法设计测试用例

★ 掌握条件组合覆盖法的使用，能够应用条件组合覆盖法设计测试用例

★ 了解目标代码插桩法的原理，能够描述目标代码插桩法的 3 种执行模式

★ 掌握源代码插桩法的使用，能够应用探针代码测试程序

白盒测试又称为透明盒测试、结构测试，它基于程序的内部逻辑结构进行测试，而不是程序的功能（黑盒测试）。因此，进行白盒测试时，测试人员需要了解程序的内部逻辑结构，根据使用的编程语言设计测试用例。白盒测试可用于单元测试、集成测试和系统测试。白盒测试的方法包括基本路径法、逻辑覆盖法、程序插桩法，本章将对白盒测试的方法进行详细讲解。

3.1 基本路径法

基本路径法是白盒测试中广泛使用的方法，该方法能够设计足够的测试用例，覆盖程序中所有可能的路径。本节将讲解基本路径法，并通过一个实例演示基本路径法的应用。

3.1.1 基本路径法概述

基本路径法是一种将程序的流程图转化为程序控制流图，并在程序控制流图的基础上，分析被测程序控制构造的环路复杂性，导出基本可执行路径集合，从而设计测试用例的方法。使用基本路径法设计的测试用例需要确保被测程序中的每条可执行语句至少被执行一次。

使用基本路径法设计测试用例主要包括 4 个步骤，具体如下。

1. 画出流程图

首先需要分析被测程序的源代码，并画出程序的流程图。

2. 画出控制流图

控制流图是描述程序控制流的一种图示方法。控制流图可以由程序流程图转化而来。如果测试的源程序的代码简洁，也可以直接通过分析源程序的代码画出控制流图。在画程序的控制流图时，使用圆圈表示一条或多条无分支的语句；使用箭头表示控制流方向。程序中常见的控制流图如图3-1所示。

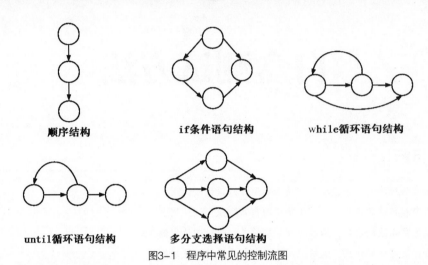

图3-1　程序中常见的控制流图

图3-1中，圆圈称为控制流图的节点，通常表示程序流程图中的矩形或菱形，箭头称为控制流图的边或连接，由边和节点限定的范围称为区域。

3. 计算程序的圈复杂度

圈复杂度是一种代码复杂度的衡量标准，用来衡量一个模块的复杂程度。通过计算程序的圈复杂度可以得到程序基本的独立路径数目，从而确定测试用例的数目。

计算程序圈复杂度的方法有3种，具体如下。

● 使用公式计算：$V(G)=E-N+2$，其中 $V(G)$ 表示程序的圈复杂度，E 表示控制流图中边的数量，N 表示控制流图中节点的数量。

● 使用公式计算：$V(G)=P+1$，P 表示控制流图中判定节点的数量。在控制流图中，当一个节点分出2条或多条指向其他节点的边时，这个节点就是一个判定节点。

● 程序的圈复杂度等于控制流图中的区域数量。

为了演示上述介绍的3种方法，假设某程序的控制流图如图3-2所示。

图3-2中，一共有10条边、8个节点、4个区域，其中判定节点有3个，分别是1、2、4。如果使用 $V(G)=E-N+2$ 计算圈复杂度，则 $V(G)=10-8+2=4$；如果使用 $V(G)=P+1$ 计算圈复杂度，则 $V(G)=3+1=4$；由于计算区域包括控制流图外部的区域，所以区域数量为4，圈复杂度也为4。由此可见，通过这3种方法计算出的圈复杂度的结果都是相同的。

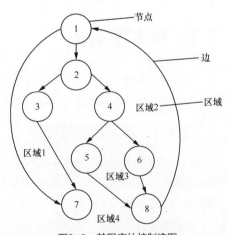

图3-2　某程序的控制流图

4. 设计测试用例

根据计算出的程序圈复杂度导出基本可执行路径集合，从而设计测试用例的输入数据和预期结果。以图 3-2 中的控制流图为例，由于圈复杂度为 4，所以可以得到 4 条独立的路径，具体如下。

- 路径 1：1→7。
- 路径 2：1→2→3→7。
- 路径 3：1→2→4→5→8→1→7。
- 路径 4：1→2→4→6→8→1→7。

根据以上 4 条独立的路径即可设计测试用例，从而确保每一条路径都能被执行。

多学一招：如何将程序流程图转化为控制流图

将程序流程图转化为控制流图时，在顺序结构、if 条件语句结构、while 循环语句结构、until 循环语句结构和多分支选择语句结构中，分支的汇聚处需要有一个汇聚节点。如果判断条件表达式是由一个或多个逻辑运算符（如 or、and）连接的复合条件表达式，则需要将其修改为只有单个条件的嵌套判断。

假设有一个待测试的程序流程图如图 3-3 所示。

图 3-3 中，序号 0 表示开始，在转化为控制流图时可以忽略。将待测试的程序流程图转化为控制流图后，控制流图如图 3-4 所示。

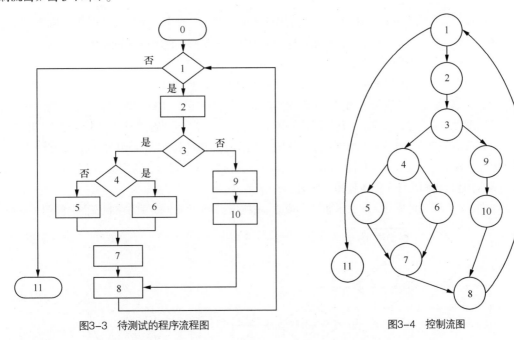

图3-3　待测试的程序流程图　　　　　　　图3-4　控制流图

图 3-4 中，一共有 13 条边、11 个节点、4 个区域，其中判定节点有 3 个，分别是 1、3、4。

3.1.2　实例：判断年份是否为闰年

在白盒测试中，经常使用基本路径法测试程序的代码。为了让读者更好地掌握基本路径法的使用，下面以判断闰年问题的 C 语言程序代码为例，讲解如何通过基本路径法设计测试用例。

当年份能够被 4 但不能被 100 整除时为闰年，或者年份能够被 400 整除时为闰年，据此可以设计判断输入的年份是否为闰年的 C 语言程序代码，具体代码如下。

```
1   #include <stdio.h>
```

```
2    #include <stdlib.h>
3    int main()
4    {
5        int year, leap;
6        printf("Enter year:");
7        scanf("%d", &year);
8        if(year % 4 == 0)
9        {
10           if(year % 100 == 0)
11           {
12               if(year % 400 == 0)
13                   leap = 1;
14               else
15                   leap = 0;
16           }
17           else
18               leap = 1;
19       }
20       else
21           leap = 0;
22       return 0;
23   }
```

上述代码中，第1~2行代码用于引入C语言的头文件。

第3行代码定义了1个main()函数，该函数称为主函数，它是所有程序运行的入口。

第5行代码定义了2个int类型的变量，分别是year和leap。

第6~7行代码分别调用了printf()函数和scanf()函数，用于输出结果。

第8~22行代码使用了if嵌套语句，用于判断变量year是否能被4、100、400整除。第8行代码首先判断变量year是否能被4整除，如果能，则程序执行第9~19行代码，否则程序执行第21行代码。第10行代码判断变量year是否能被100整除，如果能，则程序执行第11~16行代码，否则执行第18行代码。第12行代码判断变量year是否能被400整除，如果能，则程序执行第13行代码，否则程序执行第15行代码。

通过分析上述代码画出程序的流程图，如图3-5所示。

图3-5中，Y表示条件成立，N表示条件不成立。根据图3-5，画出程序的控制流图，如图3-6所示。

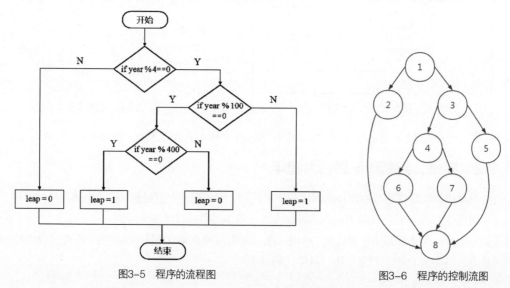

图3-5　程序的流程图   图3-6　程序的控制流图

图 3-6 中，一共有 10 条边、8 个节点、4 个区域，其中判定节点有 3 个，分别是 1、3、4，程序的圈复杂度为 4。

根据圈复杂度可以得到 4 条独立的路径，具体如下。

- 路径 1：1→2→8。
- 路径 2：1→3→4→6→8。
- 路径 3：1→3→4→7→8。
- 路径 4：1→3→5→8。

根据这 4 条独立路径即可设计测试用例。判断闰年问题的测试用例如表 3-1 所示。

表 3-1　判断闰年问题的测试用例

测试用例	执行路径	输入数据	预期结果
test1	路径 1	year = 1999	leap = 0
test2	路径 2	year = 2000	leap = 1
test3	路径 3	year = 1900	leap = 0
test4	路径 4	year = 2020	leap = 1

需要说明的是，当预期结果 leap=0 时，表示平年；当预期结果 leap=1 时，表示闰年。

3.2　逻辑覆盖法

逻辑覆盖法是白盒测试中最常用的测试方法之一，它包括语句覆盖、判定覆盖、条件覆盖、判定–条件覆盖、条件组合覆盖共 5 种方法，本节将对这 5 种逻辑覆盖法和一个三角形的逻辑覆盖实例进行详细介绍。

3.2.1　语句覆盖

语句覆盖（Statement Coverage）又称行覆盖、段覆盖、基本块覆盖，它是最常见的覆盖方式之一。语句覆盖的目的是测试程序中的代码是否被执行，它只测试代码中的执行语句，这里的执行语句不包括头文件、注释、空行等。语句覆盖在多分支的程序中只能覆盖某一条路径，使得该路径中的每一个语句至少被执行一次，不会考虑各种分支组合的情况。

为了让读者更深刻地理解语句覆盖，下面结合一段小程序介绍语句覆盖中方法的执行，程序伪代码如下。

```
1  if x > 0 and y < 0    //条件1
2    z = z - (x - y)
3  if x > 2 or z > 0     //条件2
4    z = z + (x + y)
```

上述代码中，and 表示逻辑运算 &&，or 表示逻辑运算 ||。第 1~2 行代码表示如果 x>0 成立并且 y<0 成立，则执行 z=z-(x-y) 语句；第 3~4 行代码表示如果 x>2 成立或者 z>0 成立，则执行 z=z+(x+y) 语句。

根据程序伪代码可以画出流程图，程序的流程图如图 3-7 所示。

图 3-7 中，a、b、c、d、e 表示程序执行分支，Y 表示条件

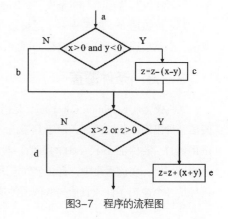

图 3-7　程序的流程图

成立，N 表示条件不成立。在语句覆盖测试用例中，应使程序中的每个可执行语句至少被执行一次，根据图 3-7 中标示的语句执行路径设计测试用例，具体如下。

```
test1:x = 3   y = -1   z = 2
```

执行上述测试用例，程序的执行路径为 a→c→e。可以看出程序中 a→c→e 路径上的每个语句都能被执行，但是语句覆盖无法全面反映多分支的逻辑，仅仅执行一次不能进行全面覆盖。因此，语句覆盖是弱覆盖方法。

语句覆盖虽然可以测试执行语句是否被执行，但无法测试程序中存在的逻辑错误，例如，如果上述程序中的逻辑判断符号 "and" 误写成 "or"，使用测试用例 test1 同样可以覆盖 a→c→e 路径上的全部执行语句，但无法发现错误。同样，如果将 x>0 误写成 x>=0，使用同样的测试用例 test1 也可以执行 a→c→e 路径上的全部执行语句，但无法发现 x>=0 的错误。

语句覆盖无须详细考虑每个判断表达式，可以直观地在源程序中有效测试执行语句是否全部被覆盖。由于程序在设计时语句之间存在许多内部逻辑关系，而语句覆盖不能发现其中存在的缺陷，所以语句覆盖并不能满足白盒测试中测试所有逻辑语句的基本需求。

3.2.2　判定覆盖

判定覆盖（Decision Coverage）又称为分支覆盖，其原则是设计足够多的测试用例，在测试过程中保证每个判定条件至少有一次为真值、有一次为假值。判定覆盖的作用是使真假分支均被执行，虽然判定覆盖比语句覆盖测试能力强，但仍然具有与语句覆盖一样的单一性。以图 3-7 对应的程序为例来设计测试用例，判定覆盖的测试用例如表 3-2 所示。

表 3-2　判定覆盖的测试用例

测试用例		x	y	z	执行语句路径
方案 1	test1	2	−1	1	a→c→d
	test2	3	1	1	a→b→e
方案 2	test1	−3	1	−1	a→b→d
	test2	3	−1	5	a→c→e

表 3-2 提供了两组测试用例，每一组测试用例都使得每个判定语句的取值都满足了各有一次 "真" 与一次 "假"，在测试时选择其中任一个解决方案即可。相比于语句覆盖，判定覆盖的覆盖范围更广泛。判定覆盖虽然保证了每个判定条件至少有一次为真值，有一次为假值，但是却没有考虑到程序内部的取值情况，假如开发者在编写程序时，将条件 "x>2 or z >0" 错写成了 "x>2 and z >0"，则方案 1 是无法测出该缺陷的。

判定覆盖语句一般是由多个逻辑条件组成的，如果仅仅判断测试程序执行的最终结果而忽略每个条件的取值，必然会遗漏部分测试路径。因此，判定覆盖也属于弱覆盖。

3.2.3　条件覆盖

条件覆盖（Condition Coverage）是指设计足够多的测试用例，使判定语句中的每个逻辑条件取真值与取假值至少出现一次，例如，对于判定语句 if(a>1 or c<0)中存在 a>1 和 c<0 这 2 个逻辑条件，设计条件覆盖测试用例时，要保证 a>1、c<0 的真值、假值至少出现一次。下面以图 3-7 及其对应的程序为例，设计条件覆盖测试用例，在该程序中，有 2 个判定语句，每个判定语句有 2 个逻辑条件，共有 4 个逻辑条件，使用标识符标记各个逻辑条件取真值与取假值的情况，条件覆盖判定条件如表 3-3 所示。

表 3-3　条件覆盖判定条件

条件 1	条件标记	条件 2	条件标记
x > 0	S1	x > 2	S3
x <= 0	−S1	x <= 2	−S3
y < 0	S2	z > 0	S4
y >= 0	−S2	z <= 0	−S4

在表 3-3 中，使用 S1 标记 x>0 取真值（即 x>0 成立）的情况，使用−S1 标记 x>0 取假值（即 x>0 不成立）的情况。同理，使用 S2、S3、S4 标记 y<0、x>2、z>0 取真值的情况，使用−S2、−S3、−S4 标记 y<0、x>2、z>0 取假值的情况，最后得到执行条件判断语句的 8 种状态。设计测试用例时，要保证每种状态至少出现一次，设计测试用例的原则是尽量以最少的测试用例达到最大的覆盖率。以图 3-7 为例，使用条件覆盖则可以设计 3 个测试用例，条件覆盖测试用例如表 3-4 所示。

表 3-4　条件覆盖测试用例

测试用例	x	y	z	条件标记	执行路径
test1	−3	1	−1	−S1、−S2、−S3、−S4	a→b→d
test2	3	−1	5	S1、S2、S3、−S4	a→c→e

3.2.4　判定−条件覆盖

判定−条件覆盖（Decision-Condition Coverage）要求设计较多的测试用例，使得判定语句中所有条件的可能取值至少出现一次，同时，所有判定语句的可能结果也至少出现一次。例如，对于判定语句 if (a>1 and c<1)，该判定语句有 a>1、c<1 这 2 个条件，则在设计测试用例时，要保证 a>1 和 c<1 这 2 个条件取真值、假值至少一次，同时，判定语句 if (a>1 and c<1) 取真值、假值也至少出现一次。判定−条件覆盖弥补了判定覆盖和条件覆盖的不足之处。

根据判定−条件覆盖原则，以图 3-7 对应的程序为例设计判定−条件覆盖测试用例。判定−条件覆盖测试用例如表 3-5 所示。

表 3-5　判定-条件覆盖测试用例

测试用例	x	y	z	条件标记	条件 1	条件 2	执行路径
test1	−3	1	−1	−S1、−S2、−S3、−S4	0	0	a→b→d
test2	3	−1	5	S1、S2、S3、−S4	1	1	a→c→e

在表 3-5 中，条件 1 是指判定语句 "if x>0 and y<0"，条件 2 是指判定语句 "IF x>2 OR z>0"，条件判断的值 0 表示 "假"，1 表示 "真"。表 3-5 中的两个测试用例满足了所有条件可能取值至少出现一次，以及所有判定语句可能结果也至少出现一次的要求。

相比于条件覆盖、判定覆盖，判定−条件覆盖弥补了两者的不足之处，但是由于判定−条件覆盖没有考虑判定语句与条件判断的组合情况，其覆盖范围并没有比条件覆盖扩展，判定−条件覆盖也没有覆盖 a→b→e、a→c→d 路径，因此判定−条件覆盖在仍旧存在遗漏测试的情况。

3.2.5　条件组合覆盖

条件组合覆盖（Multiple Condition Coverage）是指设计足够多的测试用例，使判定语句中每个条件的所有可能情况至少出现一次，并且每个判定语句本身的判定结果也至少出现一次。它与判定–条件覆盖的区别是，它不是简单地要求每个条件都出现真与假 2 种结果，而是要求让这些结果的所有可能组合都至少出现一次。

以图 3-7 及其对应的程序为例，该程序中共有 4 个条件：x>0、y<0、x>2、z>0。下面继续使用 S1、S2、S3、S4 标记这 4 个条件成立，用–S1、–S2、–S3、–S4 标记这 4 个条件不成立。S1 与 S2 属于一个判定语句，两两组合有 4 种情况，如下所示。

- S1、S2。
- S1、–S2。
- –S1、S2。
- –S1、–S2。

同样，S3 与 S4 属于一个判定语句，两两组合也有 4 种情况。2 个判定语句的组合情况各有 4 种。在执行程序时，只要能分别覆盖 2 个判定语句的组合情况即可，因此，针对图 3-7 对应的程序，条件组合覆盖至少要设计 4 个测试用例。条件组合覆盖的 4 种情况如表 3-6 所示。

表 3-6　条件组合覆盖的 4 种情况

序号	组合	含义
1	S1、S2、S3、S4	x>0 成立，y<0 成立，x>2 成立，z>0 成立
2	S1、–S2、S3、–S4	x>0 成立，y<0 不成立，x>2 成立，z>0 不成立
3	–S1、S2、–S3、S4	x>0 不成立，y<0 成立，x>2 不成立，z>0 成立
4	–S1、–S2、–S3、–S4	x>0 不成立，y<0 不成立，x>2 不成立，z>0 不成立

根据表 3-6 所示的组合情况，设计测试用例，具体如表 3-7 所示。

表 3-7　条件组合覆盖测试用例

序号	组合	测试用例			条件 1	条件 2	覆盖路径
		x	y	z			
test1	S1、S2、S3、S4	3	–1	5	1	1	a→c→e
test2	–S1、S2、–S3、S4	–5	–2	1	0	1	a→b→e
test3	S1、–S2、S3、–S4	6	1	–2	0	1	a→b→e
test4	–S1、–S2、–S3、–S4	–3	1	–1	0	0	a→b→d

表 3-7 中的 4 个测试用例覆盖了 2 个判定语句中简单表达式的所有组合，与判定–条件覆盖相比，条件组合覆盖包括了所有判定–条件覆盖，因此它的覆盖范围更广。但是当程序中的条件比较多时，条件组合的数量会呈线性增长，组合情况非常多，要设计的测试用例也会增加，这样反而会使测试效率降低。

3.2.6　实例：三角形的逻辑覆盖

在第 2 章的黑盒测试中使用了决策表法判断三角形的类型，根据三角形三边关系可知可能出现 4 种情况：不构成三角形、一般三角形、等腰三角形、等边三角形。据此实现一个判断三角形的程序，伪代码如下。

```
1   int A B C                              //三角形的 3 个边
2   if((A + B > C)&&(A + C > B)&&(B + C) > A)    //是否满足三角形构成条件
```

```
3        if((A == B)&&(B == C))                          //等边三角形
4            等边三角形
5        else if((A == B)||(B == C)||(A == C))            //等腰三角形
6            等腰三角形
7        else                                             //一般三角形
8            一般三角形
9    else
10       不构成三角形
11 end
```

根据上述代码可以画出流程图，三角形程序流程图如图 3-8 所示。

根据图 3-8 中的信息，绘制程序的控制流图，如图 3-9 所示。

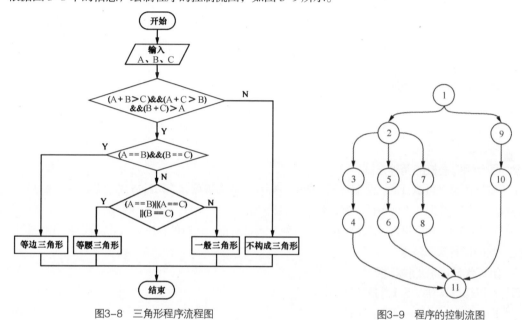

图3-8 三角形程序流程图   图3-9 程序的控制流图

图 3-9 中，数字表示代码行号，当执行程序输入数据时，程序根据条件判断结果沿着不同的路径执行。如果使用判定覆盖，程序中每个判定条件至少有一次为真值，至少有一次为假值。根据图 3-8 和图 3-9 可设计 4 个测试用例，三角形程序判定覆盖测试用例如表 3-8 所示。

表 3-8 三角形程序判定覆盖测试用例

编号	测试用例			路径	预期结果
	A	B	C		
test1	6	6	6	1→2→3→4→11	等边三角形
test2	6	6	8	1→2→5→6→11	等腰三角形
test3	3	4	5	1→2→7→8→11	一般三角形
test4	3	3	6	1→9→10→11	不构成三角形

3.3 程序插桩法

程序插桩法是一种被广泛使用的软件测试技术，简单来说，程序插桩法就是往被测试程序中插入测试代码，以达到测试目的的方法，插入的测试代码被称为探针。根据测试代码插入的时间不同可以将程序插桩法分为目标代码插桩和源代码插桩，本节将对这 2 种插桩方法进行详细介绍。

3.3.1 目标代码插桩

目标代码插桩是指向目标代码（即二进制代码）插入测试代码，以获取程序运行信息的测试方法，也称为动态程序分析方法。在进行目标代码插桩之前，测试人员要对目标代码的逻辑结构进行分析，从而确认需要插桩的位置。

我们在分析目标代码的逻辑结构时，需要保持高度的责任心和专注力，这样才能准确找到插桩的位置，确保插桩的有效性和准确性。此外，更需要我们具备观察能力和分析能力，能够快速判断程序是否出现异常行为。

目标代码插桩对程序运行时的内存监控、指令跟踪、错误检测等有着重要意义。相比于逻辑覆盖法，目标代码插桩在测试过程中不需要重新编译代码或链接程序，并且目标代码的格式与具体的编程语言无关，主要与操作系统相关，因此目标代码插桩被广泛使用。下面对目标代码插桩的原理、方式、执行模式和工具进行介绍，具体内容如下。

1．目标代码插桩的原理

目标代码插桩的原理是在程序运行平台和底层操作系统之间建立中间层，通过中间层检查执行程序、修改指令，开发人员、软件分析工程师等对运行的程序进行观察，判断程序是否被恶意攻击或者出现异常行为，从而提高程序的整体质量。

2．目标代码插桩的两种方式

由于目标代码是可执行的二进制代码，所以目标代码的插桩可分为两种方式。第 1 种方式是对未运行的目标代码插桩，首先从头到尾插入测试代码，然后执行程序。这种方式适用于需要实现完整系统或仿真（模拟真实系统）时进行的代码覆盖测试。第 2 种方式是向正在运行的程序插入测试代码，用来检测程序在特定时间的运行状态信息。

3．目标代码插桩的执行模式

目标代码插桩具有以下 3 种执行模式。

（1）即时模式（Just-In-Time Mode）

原始的二进制或可执行文件没有被修改或执行，将修改部分的二进制代码以副本的形式存储在新的内存区域中，在测试时仅执行修改部分的目标代码。

（2）解释模式（Interpretation Mode）

在解释模式中目标代码被视为数据，测试人员插入的测试代码作为目标代码指令的解释语言。每当执行一条目标代码指令时，程序就会在测试代码中查找并执行相应的替代指令，测试通过替代指令的执行信息就可以获取程序的运行信息。

（3）探测模式（Probe Mode）

探测模式使用新指令覆盖旧指令进行测试，这种模式在某些体系结构（如 x86 体系结构）中比较适用。

4．目标代码插桩工具

由于目标程序是可执行的二进制文件，人工插入代码是无法实现的，所以目标代码插桩一般通过相应的插桩工具实现，插桩工具提供的 API（Application Program Interface，API）可以为用户提供访问指令。常见的目标代码插桩工具主要有以下 2 种。

（1）Pin-A Dynamic Binary Instrumentation Tool（Pin）

Pin 是由 Intel 公司开发的免费框架，它可以用于二进制代码检测与源代码检测。Pin 支持 IA-32、x86-64、MIC（Many Integrated Core，众核架构）体系，可以运行在 Linux 平台、Windows 平台和 Android 平台上。Pin 具有基本块分析器、缓存模拟器、指令跟踪生成器等模块，使用该工具可以创建程序分析工具、监视程序运行的状态信息等。Pin 非常稳定可靠，常用于大型程序（如 Office 办公软件、虚拟现实引擎等）测试。

（2）DynamoRIO

DynamoRIO 是一个受许可的动态二进制代码检测框架，作为应用程序和操作系统的中间平台，它可以在程序执行时实现程序任何部分的代码转换。DynamoRIO 支持 IA-32、x86-64、AArch64 体系，可以运行在 Linux 平台、Windows 平台和 Android 平台上。DynamoRIO 包含内存调试工具、内存跟踪工具、指令跟踪工具等。

3.3.2　源代码插桩

源代码插桩是指对源文件进行完整的词法、语法分析后，确认插桩的位置，插入探针代码（测试代码）。相比目标代码插桩，源代码插桩具有针对性和更高的精确性，源代码插桩模型如图 3-10 所示。

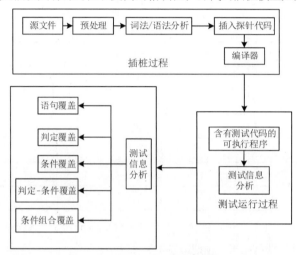

图3-10　源代码插桩模型

由图 3-10 可知，源代码插桩是在程序执行之前完成的，因此源代码插桩在程序运行过程中会产生探针代码的开销。相比目标代码插桩，源代码插桩实现复杂程度低。源代码插桩是源代码级别的测试技术，探针代码程序具有较好的通用性，使用同一种编程语言编写的程序可以使用同一个探针代码程序来完成测试。

上面讲解了源代码插桩的概念与模型，为了让读者理解源代码插桩的使用，下面通过一个小案例来讲解源代码插桩。该案例是一个除法运算，具体代码如下。

```
1   #include <stdio.h>
2   //定义 ASSERT(y)
3   #define ASSERT(y) if(y){ printf("出错文件: %s\n", __FILE__);\
4                            printf("在%d行: \n", __LINE__);\
5                            printf("提示: 除数不能为0! \n");\
6                        }
7   int main()
8   {
9       int x, y;
10      printf("请输入被除数: ");
11      scanf("%d", &x);
12      printf("请输入除数: ");
13      scanf("%d", &y);
14      ASSERT(y == 0);                //插入的桩（即探针代码）
15      printf("%d",x / y);
16      return 0;
17  }
```

为了监视除法运算中的除数输入是否正确，在第 14 行插入宏函数 ASSERT(y == 0)，当除数为 0 时输出错误原因、出错文件、出错所在行的行号等提示信息。宏函数 ASSERT(y)中使用了 C 语言标准库的宏定义"__FILE__"提示出错文件、"__LINE__"提示文件出错位置。

程序运行后，提示输入被除数和除数，在输入除数后，程序的宏函数 ASSERT(y)判断除数是否为 0，若除数为 0 则输出错误信息，程序运行结束；若除数不为 0，则进行除法运算并输出计算结果。根据除法运算程序设计测试用例，除法运算测试用例如表 3-9 所示。

表 3-9　除法运算测试用例

测试用例	测试数据	预期结果
test1	1、1	1
test2	1、-1	-1
test3	-1、-1	1
test4	-1、1	-1
test5	1、0	错误
test6	-1、0	错误
test7	0、0	错误
test8	0、1	0
test9	0、-1	0

对插桩后的 C 语言源程序进行编译、链接，生成可执行文件并执行，然后输入表 3-9 中的测试数据，读者可以观察测试用例的实际执行结果与预期结果是否一致。

程序的目标代码插桩与源代码插桩测试方法有效提高了代码测试覆盖率，但是使用插桩测试方法会出现代码膨胀、执行效率低下、HeisenBugs 等问题。在一般情况下，插桩后的代码膨胀率在 20%～40%，甚至能达到 100%，导致插桩测试失败。

小提示: HeisenBugs

HeisenBugs 即海森堡 bug，它是一种软件缺陷，这种缺陷的重现率很低，当开发人员试图研究时，它会消失或改变。实际软件测试中，这种缺陷也比较常见，例如，测试人员测试到一个缺陷并提交报告给开发人员后，开发人员按照测试人员提交的缺陷报告中的步骤执行时，却无法重现缺陷，其原因是缺陷已经消失或者出现了其他缺陷。

多学一招: 黑盒测试和白盒测试异同

1. 黑盒测试和白盒测试比较

黑盒测试过程中不用考虑程序内部的逻辑结构，仅仅需要验证程序外部功能是否符合用户实际需求。黑盒测试可以发现以下 3 种类型的缺陷。

（1）外部逻辑功能缺陷，例如界面显示信息错误、输入框中无法输入内容等。

（2）兼容性错误，例如系统版本不支持、运行环境不支持等。

（3）性能问题，例如运行速度慢、响应时间长等。

白盒测试与黑盒测试不同，白盒测试可以设计测试用例尽可能覆盖程序中的分支语句，用于分析程序内部的逻辑结构。白盒测试常用于以下 2 种情况。

（1）源程序中含有多个分支，在设计测试用例时要尽可能覆盖所有分支，提高测试覆盖率。

（2）检查内存泄漏。黑盒测试只能在程序长时间运行中发现内存泄漏问题，而白盒测试能立即发现内存泄漏问题。

2．测试阶段

黑盒测试与白盒测试在不同的测试阶段的使用情况也不同，两者在不同阶段的使用情况如表 3-10 所示。

表 3-10　黑盒测试与白盒测试在不同阶段的使用情况

测试名称	测试对象	测试方法
单元测试	模块中的功能	白盒测试
集成测试	模块间的接口	黑盒测试、白盒测试
系统测试	整个系统（软件、硬件）	黑盒测试
验收测试	整个系统（软件、硬件、用户体验）	黑盒测试

表 3-10 中，每个测试名称对应一个测试阶段，各个测试阶段使用的测试方法不同。在测试过程中，黑盒测试与白盒测试结合使用会大幅提升软件测试质量。

3.3.3　实例：求 3 个数的中间值

通过对程序插桩法的学习，读者能够知道程序可以使用目标代码插桩和源代码插桩进行测试。下面通过一个案例对源代码插桩进行讲解，以加深读者对源代码插桩的理解。该案例要求用键盘输入 3 个数并求中间值，源程序代码如下。

```
1   #include <stdio.h>
2   int main()
3   {
4       int i, mid, a[3];
5       for(i = 0; i < 3; i++)
6           scanf("%d", &a[i]);
7       mid = a[2];
8       if(a[1] < a[2])
9       {
10          if(a[0] < a[1])
11              mid = a[1];
12          else if(a[0] < a[2])
13              mid = a[1];
14      }
15      else
16      {
17          if(a[0] > a[1])
18              mid = a[1];
19          else if(a[0] > a[2])
20              mid = a[0];
21      }
22      printf("中间值是:%d\n", mid);
23      return 0;
24  }
```

测试人员通过写入的文件可以查看源程序执行的过程，插桩后的代码如下。

```
1   #include <stdio.h>
2   #define  LINE() fprintf(__POINT__, "%3d", __LINE__)
3   FILE *__POINT__;
```

```
4    int main()
5    {
6        if((__POINT__ = fopen("test.txt", "w")) == NULL)
7            fprintf(stderr, "不能打开 test.txt 文件");
8        int i, mid, a[3];
9        for(LINE(), i = 0; i < 3; LINE(), i++)
10           LINE(), scanf("%d", &a[i]);
11       LINE(), mid = a[2];
12       if(LINE(), a[1] < a[2])
13       {
14           if(LINE(), a[0] < a[1])
15               LINE(), mid = a[1];
16           else if(LINE(), a[0] < a[2])
17               LINE(), mid=a[1];
18       }
19       else
20       {
21           if(LINE(), a[0] > a[1])
22               LINE(), mid = a[1];
23           else if(LINE(), a[0] > a[2])
24               LINE(), mid = a[0];
25       }
26       LINE(), printf("中间值是：%d\n", mid);
27       LINE(), fclose(__POINT__);
28       return 0;
29   }
```

上述代码是求 3 个数中间值的源代码，使用探针 LINE( )对源程序进行插桩，该探针用于监视程序执行过程。程序在执行后，LINE( )会将程序的执行路径写入一个名为 test.txt 的文件中，若没有 test.txt 文件，则会自动创建，若 test.txt 文件已存在，则在每次执行程序之后从文件开始重新写入文件，覆盖上一次程序写入文件的数据。

源代码插桩完成之后，根据 3 个数的不同组合方式设计测试用例，具体测试用例如表 3–11 所示。

表 3-11   测试用例

测试用例	测试数据	预期结果
test1	1、1、2	1
test2	1、2、3	2
test3	3、2、1	2
test4	3、3、3	3
test5	6、4、5	5
test6	6、8、4	6
test7	8、4、9	8

使用表 3–11 中的测试用例测试程序，程序运行后得到的输出结果与源程序执行路径如表 3–12 所示。

表 3-12   输出结果与源程序执行路径

测试用例	输出结果	源程序执行路径
test1	1	9→10→9→10→9→10→9→11→12→14→16→17→26→27
test2	2	9→10→9→10→9→10→9→11→12→14→15→26→27
test3	2	9→10→9→10→9→10→9→11→12→21→22→26→27

续表

测试用例	输出结果	源程序执行路径
test4	3	9→10→9→10→9→10→9→11→12→21→23→26→27
test5	5	9→10→9→10→9→10→9→11→12→14→16→26→27
test6	6	9→10→9→10→9→10→9→11→12→21→23→24→26→27
test7	4	9→10→9→10→9→10→9→11→12→14→16→17→26→27

表 3–12 中的源程序执行路径中的数字是指代码中的行号。分析表 3–12 中的输出结果会发现，test7 的输出结果与表 3–11 中 test7 的预期结果不相符。对 test7 的数据及执行过程进行分析，test7 的数据为 8、4、9，其执行路径为 9→10→9→10→9→10→9→11→12→14→16→17→26→27。读者可以查看 test.txt 文件，test7 的执行路径如图 3–11 所示。

分析 test7 的执行路径可以发现，执行完第 12 行代码（即 4<9）后，执行第 14 行代码（即 8<4），由于条件不成立，则执行第 16 ~ 17 行代码，即 8<9 成立，得出 4 为中间值。代码实现上存在逻辑错误，只要输入的数据满足 a[0]和 a[2] 大于 a[1]且 a[0]小于 a[2]，运行结果就会出现错误。

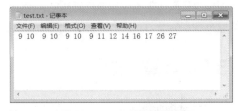

图3–11　test7的执行路径

除了逻辑错误，源程序还会将程序执行的路径写入 test.txt 文件中，此时会覆盖 test.txt 文件中原有的数据，这样在查看 test.txt 文件时只能看到最近一次的执行过程，这违背了测试可溯源的原则。在修改代码逻辑错误时，同时修改 test.txt 的写入方式为追加写入，修改后的代码如下。

```
1   #include <stdio.h>
2   #define  LINE() fprintf(__POINT__, "%3d", __LINE__)
3   FILE *__POINT__;
4   int i, mid, a[3];
5   int main()
6   {
7       if((__PROBE__ = fopen("test.txt", "a+")) == NULL)
8           fprintf(stderr, "不能打开 test.txt 文件");
9       for(LINE(), i = 0; i < 3; LINE(), i++)
10          LINE(), scanf("%d", &a[i]);
11      LINE(), mid = a[2];
12      if(LINE(), a[1] < a[2])
13      {
14          if(LINE(), a[0] < a[1])
15              LINE(), mid = a[1];
16          else if(LINE(), a[0] < a[2])
17              if(a[0] < a[1])
18                  LINE(), mid = a[1] ;
19              else
20                  mid = a[0] ;
21      }
22      else
23      {
24          if(LINE(), a[0] > a[1])
25              LINE(), mid = a[1];
26          else if(LINE(), a[0] > a[2])
27              LINE(), mid = a[0];
```

```
28        }
29        LINE(),printf("中间值是: %d\n", mid);
30        fprintf(__POINT__, "\n");
31        fclose(__POINT__);
32        return 0;
33 }
```

3.4   本章小结

本章讲解了白盒测试方法中的基本路径法、逻辑覆盖法和程序插桩法。对于基本路径法，需要掌握绘制控制流图和计算圈复杂度的方法。逻辑覆盖法包含语句覆盖、判定覆盖、条件覆盖、判定–条件覆盖、条件组合覆盖，读者需要掌握这些方法以及它们之间的差别，在实际测试中选择合适的方法进行测试。程序插桩法包含目标代码插桩和源代码插桩，使用源代码插桩并设置合理的探针有助于在程序开发中查找逻辑错误。通过本章的学习，读者应能够掌握白盒测试的方法。

3.5   本章习题

一、填空题

1. 语句覆盖的目的是测试程序中的代码是否被执行，它只测试代码中的_____。

2. _____的作用是使真、假分支均被执行。

3. _____是指判定语句中的每个条件都要取真值、假值各一次。

4. 对于判定语句if (a>1 and c<1)，测试时要保证a>1、c<1两个条件取真值、假值至少一次，同时，判定语句if (a>1 and c<1)取真值、假值也至少一次，这使用了_____覆盖方法。

5. _____要求判定语句中所有条件取值的可能组合至少出现一次。

6. 在程序插桩法中，插入程序中的测试代码称为_____。

二、判断题

1. 语句覆盖无法考虑分支组合情况。（   ）

2. 目标代码插桩需要重新编译、链接程序。（   ）

3. 语句覆盖可以测试程序中的逻辑错误。（   ）

4. 判定–条件覆盖没有考虑判定语句与条件判断的组合情况。（   ）

5. 对于源代码插桩，探针具有较好的通用性。（   ）

6. 圈复杂度用来衡量一个模块判定结构的复杂程度。（   ）

三、单选题

1. 下列选项中，哪一项不属于逻辑覆盖法？（   ）

A. 语句覆盖   B. 条件覆盖   C. 判定覆盖   D. 判定–语句覆盖

2. 关于逻辑覆盖法，下列说法中错误的是（   ）。

A. 语句覆盖的语句不包括空行、注释等

B. 相比于语句覆盖，判定覆盖考虑到了每个判定语句的取值情况

C. 条件覆盖考虑到了每个逻辑条件的取值的所有组合情况

D. 在逻辑覆盖法中，条件组合覆盖是覆盖率最大的测试方法

3. 关于程序插桩法，下列说法中错误的是（   ）。

A. 程序插桩法就是往被测试程序中插入测试代码以达到测试目的的方法

B. 程序插桩法可分为目标代码插桩和源代码插桩

C. 源代码插桩的程序需要经过编译、链接过程，但测试代码不参与编译、链接过程

D. 目标代码插桩是往二进制文件中插入测试代码

4. 关于圈复杂度的计算，下列说法中正确的是（   ）。

A. 圈复杂度的数量等于控制流图中的节点数量

B. 使用 $V(G)=P+1$ 可以计算圈复杂度，其中 P 表示控制流图中边的数量

C. 使用 $V(G)=E-N+2$ 可以计算圈复杂度，其中 E 表示控制流图中节点的数量，N 表示控制流图中边的数量

D. 圈复杂度等于控制流图中的区域数量

四、简答题

1. 请简述基于基本路径法设计测试用例的步骤。

2. 请简述逻辑覆盖法的几种方法及它们之间的区别。

3. 请简述目标代码插桩的 3 种执行模式。

第4章

接口测试

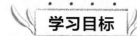
学习目标

★ 了解接口测试，能够描述接口测试的原理与实现方式

★ 熟悉 HTTP，能够归纳 HTTP 请求和响应的组成部分

★ 掌握 Postman 的安装方式，能够独立安装 Postman 工具

★ 掌握使用 Postman 发送请求的方式，能够使用 Postman 发送一个简单的请求

★ 掌握 Postman 的基本使用方法，能够灵活运用 Postman 的断言、关联和参数化完成有特定需求的接口测试

★ 掌握接口测试报告的生成方式，能够使用 newman 命令生成 HTML 格式的接口测试报告

★ 掌握 iHRM 人力资源管理系统中登录模块的接口测试用例的设计与执行方式，能够设计并执行登录模块的接口测试用例

★ 掌握 iHRM 人力资源管理系统中员工管理模块的接口测试用例的设计与执行方式，能够设计并执行员工管理模块的接口测试用例

如今，随着软件系统的复杂度不断提升，对于任意一款软件，如果测试人员能够越早对软件进行测试，就能够越早发现软件中明显的或隐藏的缺陷，同时也能够降低缺陷的修复成本和因缺陷产生的风险。因此，在项目初期，前端和后端都完成接口开发后，就需要测试人员参与接口的测试，本章将详细讲解接口测试。

4.1 接口测试简介

接口是指系统或组件之间进行信息交互的通道。在软件开发的过程中，随着项目需求越来越多，软件的功能会越来越复杂，接口也会不断增多。为了确保软件系统中的接口能够正常进行信息交互和传输数据，就需要开展接口测试。

接口测试是对系统组件间接口进行的测试，其原理是模拟客户端向服务器发送请求，服务器接收到请求后进行相应的业务处理，并向客户端返回响应数据。测试人员在进行接口测试时，需要关注软件系统中被测接口之间数据的传递、交换和控制管理过程，以及接口与接口之间是否存在逻辑依赖关系，并检测服务器向客户端返回的响应数据是否符合预期结果。

实现接口测试的方式有两种，分别是通过工具实现和通过代码实现，关于这两种方式的介绍如下。

1. 通过工具实现接口测试

常用的接口测试工具有 Postman、JMeter 等。Postman 是一款简单易操作的接口测试工具，有很多强大的功能，例如支持批量运行、保存历史记录。JMeter 是 Apache 基于 Java 开发的一款免费开源工具，它支持多个协议，具有丰富的第三方插件，不仅可以进行性能测试，而且可以进行接口测试。通常情况下会使用 Postman 工具来实现接口测试，使用该工具实现接口测试可以提高测试效率，并且对于编程能力弱的测试人员，Postman 更容易学习、掌握。

2. 通过代码实现接口测试

测试人员使用 Java、Python 等语言编写代码也可以实现接口测试，在使用 Java 语言编写接口测试的代码时，通常需要结合 HttpClient 技术；在使用 Python 语言编写接口测试的代码时，通常需要结合 Request 框架。虽然通过代码实现接口测试的方式能够让测试人员与开发人员使用相同的技术栈，更好地对接测试流程，但是这种方式要求测试人员具备一定的编程能力，对于编程能力弱的测试人员而言难度较大。

在工作中，测试人员需要按照公司制定的流程开展接口测试。通常，接口测试的流程包括分析接口测试需求、解析与评审接口文档、编写接口测试计划、设计与评审接口测试用例、搭建接口测试环境、编写接口测试脚本、执行接口测试用例、管理与跟踪接口缺陷、整理测试报告。在时间充裕并且公司条件允许的情况下，有时还会进行接口自动化持续集成测试。

需要特别说明的是，接口文档也称为 API 文档，主要由开发人员编写，用来描述接口信息。在没有接口文档的情况下，测试人员也可以通过抓包工具或者打开浏览器的开发者工具来获取接口的相关信息。测试人员需要根据接口文档的描述设计接口测试用例。通常，接口测试用例包括用例 ID、用例名称、接口名称、前置条件、请求地址（URL）、请求方法、请求头、请求参数、预期结果和实际结果等。

在接口测试过程中，测试人员应该遵循严格的规范和流程，确保测试结果可靠、准确。此外，测试人员要与开发人员进行密切合作，共同解决问题，确保系统的质量和稳定性。

4.2　HTTP

由于接口测试通常是测试服务器接口，模拟用户从客户端向服务器发送请求并观察服务器响应，所以我们需要学习 HTTP（Hypertext Transfer Protocol，超文本传输协议）。HTTP 是客户端和服务器之间的通信协议，它主要由请求和响应组成。本节主要讲解 HTTP，包括统一资源定位符、HTTP 请求和 HTTP 响应。

4.2.1　统一资源定位符

统一资源定位符（Uniform Resource Locator，URL）也称网页地址，是互联网上标准的资源地址，它的作用是让客户端查询不同的信息资源时有统一访问的方法。例如，用户在使用浏览器访问某个网站时，就需要输入该网站的 URL，当服务器成功接收到浏览器发出的请求后，服务器返回的内容会通过浏览器呈现。

URL 的语法格式如下。

```
protocol://hostname:port/path?parameters?query&fragment
```
关于 URL 的语法格式组成部分说明具体如下。

- protocol：表示因特网服务的数据传输协议，常见的协议有 HTTP、HTTPS、FTP 等。
- hostname：表示主机名，是存放资源的服务器主机名或 IP 地址，有时候在主机名前面也可以设置连接到服务器所需的用户名和密码，例如 username:password@hostname。
- port：表示端口号，通常可以省略，每一种传输协议都有默认的端口号，例如，HTTP 的默认端口号是 80，HTTPS 的默认端口号是 443，FTP 的默认端口号是 21。

- path：表示资源路径，使用 "/" 分隔。
- parameters：表示参数，用于指定查询参数，使用 "?" 与资源路径分隔，多个参数之间使用 "&" 分隔。
- query：表示查询，用于给动态网页传递参数，参数名和参数值之间使用 "=" 分隔。
- fragment：表示信息片段，用于指定资源中的片段。

为了让读者更加熟悉 URL，下面通过一个例子说明 URL 的组成。例如，http://www.example.com:80/index.html?id=001&page=1，该 URL 的协议为 HTTP，主机名或 IP 地址为 www.example.com，端口号为 80，资源路径为/index.html，查询参数为 id=001&page=1。

4.2.2 HTTP 请求

HTTP 请求是指客户端向服务器发送的请求消息。HTTP 请求主要由请求行、请求头和请求体组成，HTTP 请求的格式如图 4-1 所示。

图4-1　HTTP请求的格式

下面结合图 4-1 讲解 HTTP 请求的 3 个组成部分。

1. 请求行

请求行用于指定客户端向服务器发送请求的请求方法、请求地址（URL）和协议版本，位于 HTTP 请求中的第 1 行。在接口测试中，常用的请求方法和说明如表 4-1 所示。

表 4-1　常用的请求方法和说明

请求方法	说明
GET	用于请求服务器获取指定的资源
POST	用于请求服务器提交指定的资源
PUT	用于请求服务器更新指定的资源
DELETE	用于请求服务器删除指定的资源

2. 请求头

请求头是客户端向服务器发送的附加信息，用于通知服务器关于客户端请求的信息。请求头由键值对组成，即 key:value，常见的请求头字段和说明如表 4-2 所示。

表 4-2　常见的请求头字段和说明

请求头字段	说明
Host	表示接收请求的服务器地址
User-Agent	表示产生请求的浏览器类型
Accept	表示客户端可以识别的内容类型列表

续表

请求头字段	说明
Content-Type	表示请求体数据的类型
Accept-Encoding	表示服务器可以发送的数据压缩格式
Accept-Language	表示服务器可以发送的语言
Connection	指定与连接相关的属性

3. 请求体

请求体是客户端发送请求时携带的参数，通常在 POST 或 PUT 请求方法中使用。请求体中的常见数据类型有 text/html、text/plain、application/JSON、application/x-www-form-urlencoded、image/jpeg、multipart/form-data 等。

为了加深读者对 HTTP 请求的理解，下面展示一段使用 Fiddler 工具抓取到的 HTTP 请求数据，如图 4-2 所示。

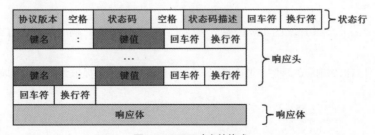

```
POST http://tpshop-test.itheima.net/index.php?m=Home&c=User&a=do_login&t=0.33269156602079386 HTTP/1.1
Host: tpshop-test.itheima.net
Connection: keep-alive
Content-Length: 55
Accept: application/json, text/javascript, */*; q=0.01
X-Requested-With: XMLHttpRequest
User-Agent: Mozilla/5.0 (Windows NT 6.1; Win64; x64) AppleWebKit/537.36 (KHTML, like Gecko) Chrome/100.0.489
Content-Type: application/x-www-form-urlencoded; charset=UTF-8
Origin: http://tpshop-test.itheima.net
Referer: http://tpshop-test.itheima.net/index.php/Home/user/login.html
Accept-Encoding: gzip, deflate
Accept-Language: zh-CN,zh;q=0.9
Cookie: gr_user_id=2aae8622-c803-4076-9f24-af59e4233e9a; _qddaz=QD.nya31x.ys1c21.kv0jbw6g; Hm_lvt_9191b

username=13012345678&password=12345678&verify_code=8888
```

图4-2　HTTP请求数据

图 4-2 中，第 1 行为请求行，在请求行中，请求方法为 POST，请求方法的右侧为请求地址，协议版本为 HTTP/1.1。从 Host 至 Cookie 部分的内容为请求头。空行下方的内容"username=13012345678&password=12345678&verify_code=8888"为请求体。

4.2.3　HTTP 响应

HTTP 响应是指服务器向客户端发送的响应消息。HTTP 响应主要由状态行、响应头和响应体组成，HTTP 响应的格式如图 4-3 所示。

协议版本	空格	状态码	空格	状态码描述	回车符	换行符	} 状态行
键名	:	键值		回车符	换行符		
...							} 响应头
键名	:	键值		回车符	换行符		
回车符	换行符						
响应体							} 响应体

图4-3　HTTP响应的格式

下面结合图 4-3 讲解 HTTP 响应的 3 个组成部分。

1. 状态行

状态行用于展示 HTTP 响应的协议版本、状态码和状态码描述，它位于 HTTP 响应的第 1 行。其中，状态码用来标示响应的状态，它由 3 位数字组成，第 1 个数字定义了响应的类型。状态码有 5 种响应类型，具体介绍如下。

- 1××：表示指示信息。
- 2××：表示请求成功。
- 3××：表示请求重定向。
- 4××：表示客户端错误。
- 5××：表示服务器错误。

在接口测试中，常见的状态码和描述如表4-3所示。

表4-3　常见的状态码和描述

状态码	描述
200	OK，客户端请求成功
400	Bad Request，客户端请求有语法错误
401	Unauthorized，客户端请求未经授权
403	Forbidden，服务器收到请求，但是拒绝提供服务
404	Not Found，客户端请求的资源不存在
500	Internal Server Error，服务器发生错误
503	Server Unavailable，服务器当前不能处理客户端的请求

2. 响应头

响应头是指服务器对客户端请求的应答信息，它位于状态行的下方，主要由键值对组成，与HTTP请求中的请求头类似。常见的响应头字段和说明如表4-4所示。

表4-4　常见的响应头字段和说明

响应头字段	说明
Server	表示服务器用到的软件信息
Content-Type	表示服务器实际返回给客户端的内容类型
Connection	表示服务器与客户端的连接类型
Content-Length	表示服务器告知浏览器需要接收的数据长度
Content-Language	表示服务器可以识别的内容语言列表
Accept-Encoding	表示服务器可以发送的数据压缩格式

3. 响应体

响应体是服务器发送到客户端的实际内容，它位于响应头的下方。响应体的内容类型由响应头中的Content-Type指定。

为了加深读者对HTTP响应的理解，下面展示一段使用Fiddler工具抓取到的HTTP响应数据，如图4-4所示。

```
HTTP/1.1 200 OK
Server: nginx
Date: Tue, 03 May 2022 09:35:34 GMT
Content-Type: text/html; charset=UTF-8
Connection: keep-alive
Vary: Accept-Encoding
Vary: Accept-Encoding
Set-Cookie: is_mobile=0; expires=Tue, 03-May-2022 10:35:34 GMT; Max-Age=3600; path=/
Expires: Thu, 19 Nov 1981 08:52:00 GMT
Cache-Control: no-store, no-cache, must-revalidate
Pragma: no-cache
Content-Length: 47

{"status":-2,"msg":"\u5bc6\u7801\u9519\u8bef!"}
```

图4-4　HTTP响应数据

图 4-4 中，第 1 行为状态行，在状态行中，协议版本为 HTTP/1.1，状态码为 200，状态码描述为 OK。从 Server 至 Content-Length 部分的内容为响应头。空行下方的内容 "{"status":-2,"msg":"\u5bc6\u7801\u9519\u8bef!"}" 为响应体。

多学一招：使用开发者工具进行抓包

抓包是指对网络传输中发送或接收的数据包进行截获、重发、编辑、转存等操作。通过对网络上传输的数据进行抓取，并对其进行分析，能够分析程序网络接口、检查网络安全、分析网络故障等。

抓包工具是拦截并查看网络数据包内容的软件，常用的抓包工具有 Fiddler、Sniffer、IPTools 等。这些抓包工具的功能各异，但是基本使用原理相同。除了可以使用抓包工具进行抓包外，还可以使用浏览器自带的开发者工具进行抓包。

下面以使用 Chrome 浏览器访问 TPshop 开源商城首页为例，演示如何通过开发者工具进行抓包。首先在浏览器中访问 TPshop 开源商城，按键盘上的 "F12" 键，打开开发者工具，单击 "Network" 可以查看抓取的相关数据信息，如图 4-5 所示。

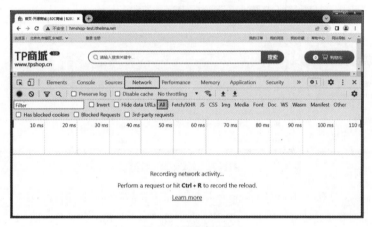

图4-5　开发者工具

图 4-5 中，"All" 选项是默认被选中的。由于在浏览器中首先访问 TPshop 开源商城，然后打开开发者工具，所以没有显示抓取的请求资源信息，此时需要单击浏览器左上方的 "↻" 刷新页面，重新抓取请求资源信息，如图 4-6 所示。

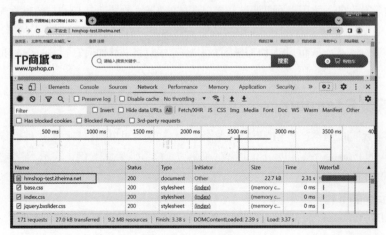

图4-6　请求资源信息

图4-6 中，左下方显示了通过开发者工具抓取 TPshop 开源商城首页的请求资源信息，这些请求资源信息的类型包括 document（文档）、script（脚本）、png（图片）等。通常在接口测试中，需要重点关注 document 类型的请求资源信息，该类型的请求资源信息中包含详细的接口请求地址、请求方法等。例如，单击图 4-6 左下方名称为"hmshop-test.itheima.net"的 document 类型的请求资源信息时，右下方会显示具体的请求和响应数据，如图 4-7 所示。

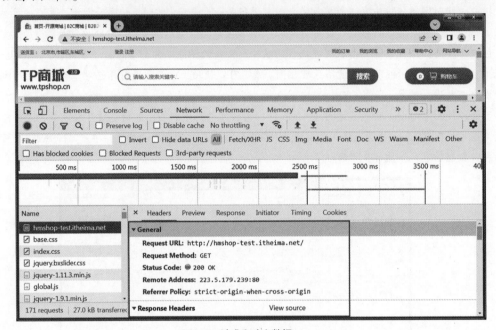

图4-7　请求和响应数据

由图 4-7 可知，请求 URL 为 http://hmshop-test.itheima.net/，请求方法为 GET，状态码及其描述为 200 OK，Remote Address 表示远程连接地址，Referrer Policy 表示协议来源，Response Headers(12)表示共有 12 个响应头字段。

4.3　Postman 入门

Postman 是谷歌开发的一款用于网页调试和接口测试的工具，在进行接口测试的过程中，Postman 能够模拟客户端发送 HTTP 请求至服务器，同时能够接收服务器返回的 HTTP 响应。测试人员通过验证接收到的响应数据是否与预期数据一致，从而判定接口是否存在缺陷。本节将讲解如何安装 Postman 和发送第一个 HTTP 请求。

4.3.1　安装 Postman

Postman 有多种不同的版本，以支持不同的操作系统，初学者可以根据自己使用的操作系统，从 Postman 官方网站下载对应的 Postman 安装包。下面以 Windows 7（64 位）系统为例，演示下载与安装 Postman 的过程，具体操作步骤如下。

1. Postman 的下载
在浏览器中访问 Postman 的官方网站，进入 Postman 的官方网站首页，如图 4-8 所示。

图4-8　Postman的官方网站首页

在图 4-8 所示的页面中，单击页面左下方的“■”图标，进入 Download Postman 页面，如图 4-9 所示。

图4-9　Download Postman页面

在图 4-9 所示的页面中，单击“■ Windows 64-bit”按钮后即可下载 Postman 安装包。

2. Postman 的安装

当 Postman 安装包成功下载后，会得到一个以.exe 为扩展名的文件，双击该文件，进入 Create an account or sign in 页面，如图 4-10 所示。

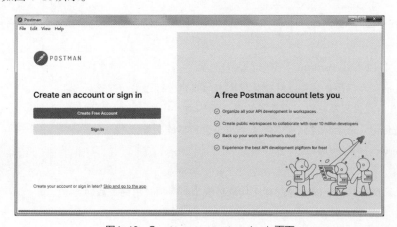

图4-10　Create an account or sign in页面

　　在图 4-10 所示的页面中，如果没有注册，则需要单击 "Create Free Account" 按钮进行注册，否则单击 "Sign in" 按钮登录即可。在图 4-10 所示的页面中，单击 "Create Free Account" 按钮，进入 Postman – Sign Up 页面，如图 4-11 所示。

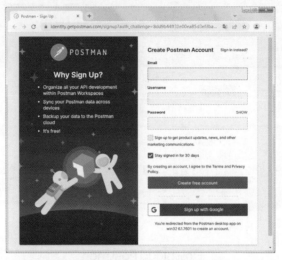

图4-11　Postman – Sign Up页面

　　在图 4-11 所示的页面中，按照页面提示填写 "Email"（邮箱）、"Username"（用户名）和 "Password"（密码）进行注册。当注册成功后，使用注册的账号登录即可进入 Postman 主窗口，如图 4-12 所示。

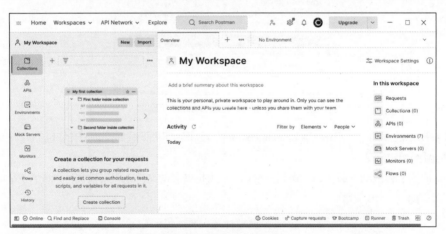

图4-12　Postman主窗口

　　下面结合图 4-12 介绍 Postman 主窗口左侧的选项。

- Collections：表示集合，可以对项目模块中的接口进行分类和管理。
- APIs：表示应用程序接口，用于定义集合和环境。
- Environments：表示环境，可以定义全局变量和环境变量。
- Mock Servers：表示模拟服务器。
- Monitors：表示监听器，能够定期运行集合中的请求。
- Flows：表示流程，能够通过逻辑连接请求模拟实际项目中的流程。
- History：表示历史记录。

需要说明的是，Postman 工具的更新速度较快，在安装不同的版本时，Postman 主窗口中的选项展示会有所差异，但是这些选项的作用是一样的，不会影响正常使用。

至此，完成 Postman 的下载与安装。

4.3.2 发送第一个 HTTP 请求

我们在 4.3.1 小节中完成了 Postman 的安装，为了让读者掌握如何通过 Postman 发送 HTTP 请求，下面以百度网站为例，使用 Postman 发送第一个 HTTP 请求，具体步骤如下。

1. 创建集合

在 Postman 的主窗口中，首先单击左侧的 "Collections" 选项，然后单击 "Collections" 选项右侧的 "+" 图标即可创建集合 New Collection，如图 4-13 所示。

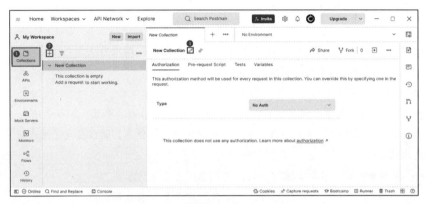

图4-13 创建集合New Collection

在图 4-13 所示的界面中，集合创建成功后，该集合的默认名称为 New Collection。当鼠标指针悬浮在③右侧的空白处时，New Collection 右侧会显示 "✐" 图标，单击该图标可以对集合进行重命名。

2. 添加 HTTP 请求

在图 4-13 所示的界面中，将鼠标指针悬浮在 New Collection 所在条目的上方，条目右侧会显示 "⚬⚬⚬" 图标。此时在 New Collection 所在条目的任意地方右键单击或者单击右侧的 "⚬⚬⚬" 图标，会弹出一个下拉列表，如图 4-14 所示。

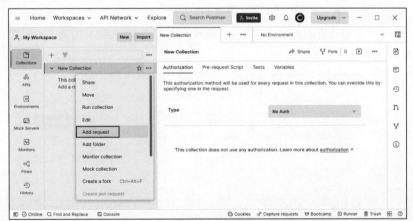

图4-14 下拉列表

在图 4-14 所示的界面中，单击下拉列表中的 "Add request" 选项即可添加一个 HTTP 请求，成功添加 HTTP 请求的界面如图 4-15 所示。

图4-15 成功添加HTTP请求的界面

由图 4-15 可知，HTTP 请求的默认名称为 New Request，默认的请求方法为 GET，在 New Request 下方可以根据实际测试需求设置请求方法和请求地址。

图 4-15 中请求方法和请求地址下方的标签的具体介绍如下。

- Params：表示参数，当单击该标签时，可以在下方设置请求地址参数。
- Authorization：表示授权，当单击该标签时，可以了解授权信息，通常在发送请求时，在其下方会自动生成授权的请求头。
- Headers：表示请求头，当单击该标签时，可以在下方设置请求头。
- Body：表示请求体，当单击该标签时，可以在下方设置请求体参数。
- Pre-request Script：表示预请求脚本，当单击该标签时，可以在下方编写预请求脚本代码。
- Tests：表示测试，当单击该标签时，可以在下方编写测试脚本代码，例如断言代码、关联代码等。
- Settings：表示设置，当单击该标签时，可以在下方进行相关的设置操作，例如启用 SSL 证书验证、自动跟随重定向等。

在创建 HTTP 请求时，默认选中的标签为 "Params"，接口测试的过程中，常用的标签分别是 "Params" "Headers" "Body" "Tests"。

3. 填写百度网站的请求信息并发送请求

在图 4-15 所示的界面中，首先将请求方法设置为 GET，将请求地址设置为 www.baidu.com，然后单击 "Save" 按钮（ ⊟Save ）保存百度网站的请求信息，最后单击 "Send" 按钮发送请求。百度网站的请求信息与响应结果如图 4-16 所示。

图4-16 百度网站的请求信息与响应结果

由图 4-16 可知，在响应结果区域的右上角显示了"200 OK"，说明请求发送成功。在"Body"下方展示了具体的响应结果，说明服务器已经接收到客户端的请求信息，并成功将响应结果返回给客户端。

需要注意的是，单击"Save"按钮（ <!-- Save button --> ）的效果与使用快捷键"Ctrl+S"的效果是一样的，都可以保存请求信息。

4.4　Postman 的基本使用

由于 Postman 的界面简洁、操作简单，能够模拟用户发送各种 HTTP 请求，所以在接口测试中运用得十分广泛。本节将详细讲解 Postman 的基本使用，包括 Postman 的断言、关联、参数化和生成测试报告。

4.4.1　Postman 断言

断言是程序中的一种逻辑判断式，目的是验证软件开发的预期结果与实际结果是否一致。例如，程序员在编写代码时，通常会做出一些假设，断言的目的就是在代码中捕捉这些假设。当程序执行到断言所在的位置时，对应的断言如果为真，则程序将继续往下执行；如果断言为假，则程序会终止执行，并给出错误信息。

在进行接口测试时，Postman 提供的断言代码能够代替人工自动判断 HTTP 响应的实际结果与预期结果是否一致。Postman 中的断言代码使用 JavaScript 语言编写，常用的断言有响应状态码断言、包含指定字符串断言、JSON 数据断言等。下面分别对这 3 个常用的断言进行详细介绍。

1. 响应状态码断言

响应状态码断言是对 HTTP 响应的状态码进行断言。在 Postman 中，有 2 种方式实现响应状态码断言，第 1 种方式是在 HTTP 请求中单击"Tests"标签，在其下方空白区域手动编写响应状态码断言的代码；第 2 种方式是首先在 HTTP 请求中单击"Tests"标签，然后单击 Postman 主窗口右侧的"Status code:Code is 200"，自动生成响应状态码断言的代码模板。由于第 2 种方式比较方便，一般会选择使用第 2 种方式，使用第 2 种方式生成的响应状态码断言的代码模板如图 4-17 所示。

图4-17　响应状态码断言的代码模板

图 4-17 所示的代码中，pm 是一个实例，表示 Postman。test( )是 pm 实例中的一个测试方法，该方法中有 2 个参数，分别是"Status code is 200"和"function ( ) {pm.response.to.have.status(200);}"，这 2 个参数的具体说明如下。

- "Status code is 200"：该参数的作用是显示断言结果的提示文字，可以根据实际测试需求自定义，不会影响断言结果。

- "function ( ) {pm.response.to.have.status(200);}"：该参数是一个匿名函数，它的作用是判断响应结果中的状态码是否为 200。

2. 包含指定字符串断言

包含指定字符串断言是指对 HTTP 响应中的某个字符串进行断言。在 Postman 中，可以在 HTTP 请求中单击 "Tests" 标签，在其下方空白区域手动编写包含指定字符串断言的代码，也可以通过单击 Postman 主窗口右侧的 "Response body:Contains string"，自动生成包含指定字符串断言的代码模板，如图 4-18 所示。

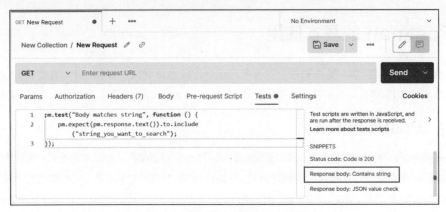

图4-18　包含指定字符串断言的代码模板

图 4-18 所示的代码用于断言响应结果中包含的指定字符串。test( )方法中有 2 个参数，分别是 "Body matches string" 和 "function ( ) {pm.expect(pm.response.text( )).to.include("string_you_want_to_ search");}"，这 2 个参数的具体说明如下。

- "Body matches string"：该参数用于显示断言结果的提示文字，可以根据实际测试需求自定义，不会影响断言结果。

- "function ( ) {pm.expect(pm.response.text( )).to.include("string_you_want_to_search");}"：该参数用于断言响应文本中是否包含想要搜索的字符串，其中 "string_you_want_to_search" 需要根据接口文档的描述修改为预期结果。

3. JSON 数据断言

JSON 数据断言是对 HTTP 响应中的 JSON 数据进行断言。在 Postman 中，可以在 HTTP 请求中单击 "Tests" 标签，在其下方空白区域中，手动编写 JSON 数据断言的代码，也可以通过单击 Postman 主窗口右侧的 "Response body:JSON value check"，自动生成 JSON 数据断言的代码模板，如图 4-19 所示。

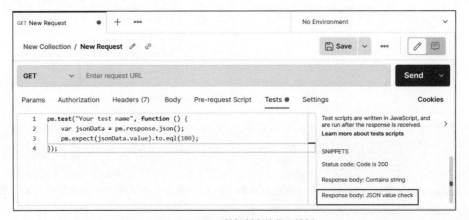

图4-19　JSON数据断言的代码模板

图 4-19 所示的代码用于断言响应结果中的 JSON 数据。test( )方法中有 2 个参数，分别是 "Your test name"

和 "function ( ) {var jsonData = pm.response.json( );pm.expect(jsonData.value).to.eql(100) ;}", 这 2 个参数的具体说明如下。

- "Your test name": 该参数用于显示断言结果的提示文字, 可以根据实际测试需求自定义, 不会影响断言结果。

- "function ( ) {var jsonData = pm.response. json( );pm.expect(jsonData.value).to.eql(100);}": 该参数用于将响应结果中的 JSON 数据全部赋值给变量 jsonData。其中 "pm.expect(jsonData.value).to.eql(100)" 用于断言响应结果中 JSON 数据的值 value 是否等于 100。在实际的接口测试中, 测试人员需要根据接口文档的描述填写 value 及对应的值。

为了让读者更好地掌握如何使用 Postman 断言, 下面通过一个案例演示断言的使用。在该案例中, 要求向百度网站发送一个请求, 断言响应数据中是否包含指定的字符串 "百度搜索", 具体操作步骤如下。

（1）首先在 Postman 中创建一个集合和一个请求, 将请求方法设置为 GET, 将请求地址设置为 www.baidu.com。百度网站的请求信息如图 4-20 所示。

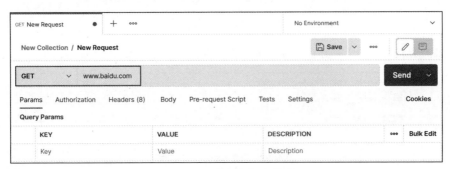

图4-20 百度网站的请求信息

（2）然后单击图 4-20 所示界面中的 "Tests", 再单击右侧的 "Response body:Contains string", 生成包含指定字符串断言的代码模板, 并将显示断言结果的提示文字修改为 "百度页面包含'百度搜索'", 将断言的字符串修改为 "百度搜索", 如图 4-21 所示。

图4-21 包含指定字符串断言的代码

在图 4-21 所示的界面中, 根据需要搜索的字符串, 修改 test( )方法中的参数信息, 其中, include("百度搜索")用于判断百度网站是否包含 "百度搜索" 字符串。

（3）最后单击图 4-21 所示界面中右上角的 "Save" 按钮保存请求信息, 接着单击 "Send" 按钮发送请求, 在 Postman 主窗口下方将显示百度网站的响应结果, 如图 4-22 所示。

图4-22　百度网站的响应结果

在图4-22所示的界面中，单击"Test Results"即可查看百度网站的断言结果，如图4-23所示。

图4-23　百度网站的断言结果

图4-23所示的界面中，显示了一个绿色的"PASS"图标，说明断言通过，即百度页面包含"百度搜索"字符串。

如果将图4-21所示界面中断言代码的"百度搜索"字符串修改为"单击搜索"，保存设置后再次发送请求，则断言失败，断言失败界面如图4-24所示。

图4-24　断言失败界面

图4-24所示的界面中，显示了一个红色的"FAIL"图标，说明断言不通过，即百度页面不包含"单击搜索"字符串。

4.4.2　Postman 关联

在接口测试中，关联是指两个或两个以上的接口互相存在依赖关系。例如，某个接口请求地址中的参数是另一个接口的响应结果中的数据，则说明这两个接口之间存在关联关系。在使用Postman做接口测试时，实现接口关联的方式是在Postman中设置环境变量或全局变量，具体实现步骤如下。

（1）获取第1个接口请求的响应结果。

（2）提取响应结果中的某个字段，将其保存到Postman环境变量或全局变量中。

（3）在第2个接口的请求地址中引用环境变量或全局变量，引用方式为"{{环境变量或全局变量}}"。

当在 Postman 中添加存在接口关联的 HTTP 请求时，需要在该接口的 HTTP 请求的 "Tests" 下方编写一段核心代码，具体如下。

```
//获取返回数据并将其转为 JSON 格式的数据保存到变量 jsonData 中
var jsonData = pm.response.json()
//使用全局变量作为容器
pm.globals.set("全局变量名",全局变量值)
//使用环境变量作为容器
pm.environment.set("环境变量名",环境变量值)
```

需要说明的是，在 Postman 中，可以设置多组环境变量，但是只能设置一组全局变量。两者的区别是，环境变量只能在特定的测试环境中被引用，全局变量作用于整个 Postman，Postman 中的所有请求都可以直接引用全局变量中的变量，而不用指定测试环境。当在 Postman 的环境变量和全局变量中设置了同一个变量时，环境变量的优先级比全局变量的优先级高。

为了让读者掌握使用 Postman 实现接口之间的关联的方法，下面通过一个案例演示 Postman 接口关联的实现。在本案例中，首先要求发送查询天气的接口请求，获取该接口响应结果中的城市名称，然后发送百度搜索的接口请求，并将查询天气接口响应结果中获取的城市名称作为请求参数，具体实现过程如下。

（1）添加查询天气接口

首先在 Postman 中新建一个集合并将其命名为 Postman 接口关联，然后在该集合中添加一个 HTTP 请求，将该请求命名为查询天气接口，最后将请求方法设置为 GET，将请求地址设置为 http://www.weather.com.cn/data/sk/101010100.html。查询天气接口的请求信息如图 4-25 所示。

图4-25　查询天气接口的请求信息

（2）编写实现接口关联的核心代码

在图 4-25 所示界面中，首先单击 "Save" 按钮保存设置的请求信息，然后单击 "Send" 按钮发送请求，在 Postman 主窗口下方会显示查询天气接口的响应结果，如图 4-26 所示。

图4-26　查询天气接口的响应结果

由图 4-26 可知，查询天气的接口请求发送成功，响应结果中的城市名称为北京。下面单击图 4-26 所示界面中的 "Tests" 标签，将准备好的实现接口关联的核心代码添加到 "Tests" 下方，如图 4-27 所示。

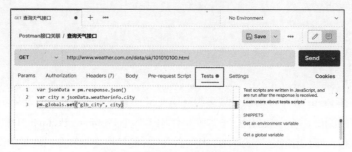

图4-27　实现接口关联的核心代码

图 4-27 所示的代码中，第 1 行代码用于获取响应结果中的数据，并将数据转换为 JSON 格式的数据保存到变量 jsonData 中；第 2 行代码用于从响应结果中提取城市名称；第 3 行代码用于将响应结果中的城市名称保存到全局变量 glb_city 中。

当编写完实现接口关联的核心代码后，首先在图 4-27 所示界面中单击 "Save" 按钮保存请求信息，然后单击 "Send" 按钮发送请求，以此运行编写的代码。待请求发送成功后，单击 Postman 主窗口左侧的 "Environments"，再单击 "Globals"，会弹出 Globals 界面，如图 4-28 所示。

图4-28　Globals界面

由图 4-28 可知，全局变量 glb_city 自动保存到 Globals 界面，该全局变量的值为北京，说明图 4-27 中的代码运行成功，并且成功将查询天气接口响应结果中的城市名称保存到 Postman 的全局变量 glb_city 中。

（3）添加百度搜索接口

首先在 Postman 接口关联集合中再添加一个 HTTP 请求，将该请求命名为百度搜索接口，然后将请求方法设置为 GET，将请求地址设置为 https://www.baidu.com/?wd={{glb_city}}，百度搜索接口的请求信息如图 4-29 所示。

图4-29　百度搜索接口的请求信息

有 2 种设置请求地址参数的方式，第 1 种方式是直接在设置请求地址时引用全局变量中的变量名 glb_city，当使用这种方式时，在"Params"的下方会自动填充请求地址的参数名和参数值；第 2 种方式是单击"Params"，在下方手动设置请求地址的参数名和参数值，当使用这种方式时，在请求地址中会自动填充"?wd={{glb_city}}"。

当设置完请求信息后，在图 4-29 所示界面中首先单击"Save"按钮保存请求信息，然后单击"Send"按钮发送请求。百度搜索接口的响应结果如图 4-30 所示。

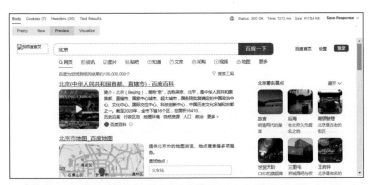

图4-30　百度搜索接口的响应结果

图 4-30 中，显示了百度网站的相关信息，说明百度搜索接口成功从查询天气接口中获取到城市名称，实现了接口之间的关联。

4.4.3　Postman 参数化

在接口测试中，参数化是指将测试数据组织到数据文件中，测试人员通过对编写的脚本不断更新迭代，产生不同的测试数据来对接口进行测试。例如，在测试单个接口时，如果需要测试不同的数据，则可以使用参数化，提高脚本的复用率。

使用 Postman 进行接口测试时，实现参数化的关键步骤是将测试数据保存在数据文件中单独维护，然后引用数据文件实现脚本迭代调用。Postman 中常用的数据文件格式有 CSV 和 JSON，这两种文件格式的具体介绍如下。

1. CSV

CSV 是一种常用的文件格式，在 CSV 文件中主要以纯文本形式存储数据，数据之间以逗号分隔，格式简单，但是不能存储元组、列表、字典和布尔类型的数据。

2. JSON

JSON 也是一种常用的文件格式，JSON 文件中的数据由键值对组成，能够存储元组、列表、字典等类型的数据。

为了让读者掌握参数化的应用，下面通过一个案例演示 Postman 参数化的实现。在本案例中，要求使用 Postman 发送一个请求，查询手机号的运营商，其中，测试的手机号需要保存在 CSV 格式的文件中。

查询手机号运营商的接口信息如下。

- 请求方法：GET。
- 请求地址：http://cx.shouji.360.cn/phonearea.php。
- 请求体参数：number，11 位手机号，例如 13012345678。

在 Postman 主窗口中创建一个集合，并将其命名为参数化的应用，在该集合中添加一个 HTTP 请求，将该请求命名为手机号运营商接口。根据查询手机号运营商的接口信息，将请求方法设置为 GET，将请求地址设置为 http://cx.shouji.360.cn/phonearea.php?number=13012345678，手机号运营商接口的请求信息如图 4-31 所示。

图4-31　手机号运营商接口的请求信息

在图 4-31 所示界面中，设置完手机号运营商接口的请求信息后，首先单击"Save"按钮保存请求信息，然后单击"Send"按钮发送请求，手机号运营商接口的响应结果如图 4-32 所示。

图4-32　手机号运营商接口的响应结果

在图 4-32 所示界面中，响应结果中的数据为 HTML 格式，为了方便查看具体的返回数据，单击"HTML"右侧的"∨"，选择下拉列表中的"JSON"，JSON 格式的响应结果如图 4-33 所示。

图4-33　JSON格式的响应结果

由图 4-33 可知，手机号 13012345678 的运营商是联通。

如果需要测试多个手机号，按照上述接口测试的方法，则需要不断修改请求地址中参数 number 的值并发送请求。为了提高测试的效率，可以使用参数化的方式测试多个手机号。首先新建一个文本文件，并将其命名为 mobile_test01，mobile_test01.txt 文件中的内容如图 4-34 所示。

由图 4-34 可知，文件中存储了 3 个手机号信息，其中变量 mobile 表示手机号，变量 operator 表示手机号的运营商。需要注意的是，mobile_test01.txt 文件中的逗号是半角格式的。

由于需要执行的文件扩展名为.csv，所以将 mobile_test01.txt 文件的扩展名.txt 修改为.csv。单击图 4-34 所示窗口菜单栏中的"文件(F)"选项，会出现一个列表，单击该列表中的"另存为"，会弹出一个"另存为"对话框，如图 4-35 所示。

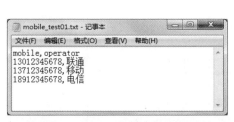

图4-34　mobile_test01.txt文件中的内容

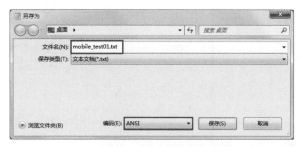

图4-35　"另存为"对话框

在图 4-35 所示对话框中，将文件名修改为 mobile_test01.csv，为了防止测试数据出现乱码，还需要将编码设置为 UTF-8。当设置完成后，单击"保存"按钮即可成功将 mobile_test01.txt 文件的扩展名修改为.csv。

当准备好测试数据后，下面需要在 Postman 中修改手机号运营商接口的请求信息。首先将请求地址中的参数值修改为{{mobile}}，该参数值对应 mobile_test01.csv 文件中的变量 mobile（见图 4-34），表示从数据文件中获取测试的手机号，然后单击"Tests"标签，在"Tests"下方添加断言代码，并单击"Save"按钮保存修改后的请求信息，如图 4-36 所示。

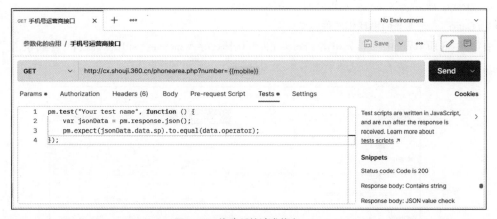

图4-36　修改后的请求信息

图 4-36 所示的代码用于判断响应结果中 JSON 数据中的 sp 字段的实际值是否与期望值（CSV 文件中变量 operator 的值）相同。

需要注意的是，在使用 Postman 参数化时不能直接单击"Send"按钮发送请求，而是通过导入测试数据文件来发送请求。

在参数化的应用集合名称处连续快速单击 2 次，进入参数化的应用界面，如图 4-37 所示。

图4-37　参数化的应用界面

在图 4-37 所示界面中，单击"Run"进入 Runner 界面，如图 4-38 所示。

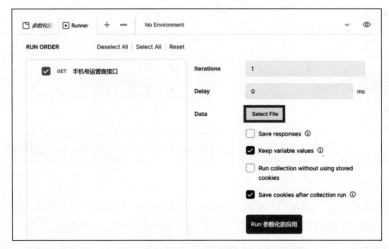

图4-38　Runner界面

图 4-38 中的参数介绍如下。

- Iterations：表示迭代次数。
- Delay：表示每次迭代的延迟时间，单位是毫秒。
- Data：表示选择的参数化文件类型。

在图 4-38 所示界面中，首先单击"Select File"按钮，导入 mobile_test01.csv 文件，然后单击"Run 参数化的应用"按钮发送请求。测试结果如图 4-39 所示。

图4-39　测试结果

　　由图 4-39 可知，一共有 3 个请求发送成功，说明在 Postman 中通过参数化的方式能够同时测试多个手机号。如果将测试数据的文件保存为 JSON 格式，则 JSON 文件的内容如图 4-40 所示。

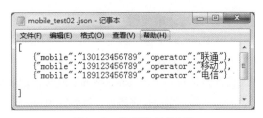

图4-40　JSON文件的内容

　　图 4-40 中，JSON 文件的数据都需要用双引号包裹，字段之间用逗号分隔。按照上述相同的操作步骤导入 JSON 格式的文件即可测试。由于该操作过程简单，所以不再赘述。

4.4.4　Postman 生成测试报告

　　测试报告主要用来记录测试的过程和结果，以便于测试人员分析发现的缺陷，并为修改软件系统存在的质量问题提供依据。在 Postman 中完成接口测试后，如果需要更直观地查看和分析测试结果，则可以导出 Postman 中的环境变量和集合，并通过命令生成测试报告。

　　使用 Postman 进行接口测试并生成测试报告的具体步骤如下。

　　（1）在 Postman 中创建环境变量，并设置变量名和变量值。

　　（2）在 Postman 中创建集合，并设置请求信息，发送请求。

　　（3）从 Postman 中导出环境变量。

　　（4）从 Postman 中导出集合。

　　（5）打开命令提示符窗口，执行生成测试报告的 newman 命令。

　　Postman 是一个轻量级的工具，该工具不具备自动生成测试报告的功能，需要借助 newman 插件才能够生成测试报告。newman 是一款基于 Node.js 开发、能够通过命令运行 Postman 脚本的插件，该插件支持生成 HTML、JSON、XML 等格式的测试报告。由于 HTML 格式的测试报告界面美观且便于查看，所以本书主要选择安装 newman-report-html 插件，用于生成 HTML 格式的测试报告。关于 Node.js、newman 和 newman-report-html 的具体安装过程，可扫描下方二维码查看。

4-1　测试报告插件的安装

　　生成测试报告的 newman 命令格式如下。

```
newman run 集合文件 -e 测试环境的文件 -r 测试报告类型
```

上述命令中使用的参数具体如下。

- -e：该参数是-environment 的缩写，用于指定测试环境的文件。
- -r：该参数是-reporters 的缩写，用于指定生成的测试报告类型。

　　为了让读者掌握使用 Postman 生成测试报告的方法，下面通过一个案例演示测试报告的生成。本案例要求在 Postman 中发送访问博学谷网站的接口请求，从 Postman 中导出环境变量和集合，并通过 newman 命令生成一份 HTML 格式的测试报告，具体实现过程如下。

1. 创建环境变量

在 Postman 主窗口的左侧单击"Environments"，再单击"＋"创建一个环境变量。首先将环境变量命名为博学谷测试环境，然后在"VARIABLE"下方将变量名设置为 bxg_url，在"INITIAL VALUE"下方将变量值设置为 https://www.boxuegu.com/，此时，"CURRENT VALUE"下方的值会自动填充 https://www.boxuegu.com/，表示当前值。当设置完成后，需要在 Postman 主窗口的右上角单击"∨"，选择博学谷测试环境，最后单击"Save"按钮保存环境变量的设置，环境变量界面如图4-41所示。

图4-41　环境变量界面

2. 创建集合

在 Postman 主窗口的左侧单击"Collections"，再单击"＋"创建一个集合并命名为博学谷。在该集合中创建一个 HTTP 请求，命名为访问博学谷首页，在该请求中将请求方法设置为 GET，将请求地址设置为{{bxg_url}}，并单击"Tests"，在下方空白区域添加响应状态码断言的代码。当请求信息设置完成后，首先单击"Save"按钮保存请求信息，然后单击"Send"按钮发送请求。访问博学谷首页的请求信息如图4-42所示。

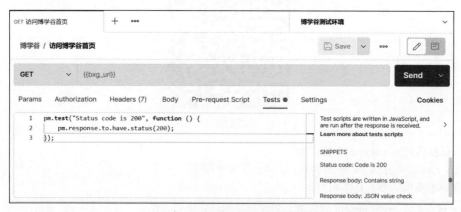

图4-42　访问博学谷首页的请求信息

当发送请求后，在 Postman 主窗口的下方可以查看访问博学谷首页的响应结果，如图4-43所示。

图4-43 访问博学谷首页的响应结果

图 4-43 中，显示了博学谷网站的相关信息，说明访问博学谷首页的请求信息发送成功。

3. 导出环境变量

单击环境变量界面右上角的"●●●"图标，会弹出一个下拉列表，如图 4-44 所示。

图4-44 下拉列表（1）

在图 4-44 所示界面中，单击下拉列表中的"Export"选项，会弹出一个"Select path to save file"对话框，如图 4-45 所示。

图4-45 "Select path to save file"对话框（1）

在图 4-45 所示界面中，可以选择环境变量的存储路径，本书将导出的环境变量保存在 "D:\test_report"
中，单击"保存"按钮就可以导出 Postman 中的环境变量。

4. 导出集合

在博学谷集合名称处右键单击，会弹出一个下拉列表，如图 4-46 所示。

在图 4-46 所示界面中，单击下拉列表中的"Export"选项，会弹出一个"EXPORT COLLECTION"对话
框，如图 4-47 所示。

图4-46　下拉列表（2）

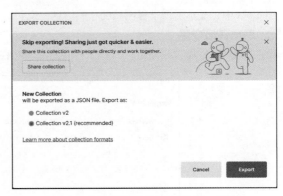

图4-47　"EXPORT COLLECTION"对话框

在图 4-47 所示界面中，单击"Export"按钮后会弹出"Select path to save file"对话框，如图 4-48 所示。

图4-48　"Select path to save file"对话框（2）

在图 4-48 所示对话框中，单击"保存"按钮就可以导出 Postman 中的集合。

5. 执行生成测试报告的 newman 命令

进入"D:\test_report"，打开命令提示符窗口，在该窗口中输入以下命令。

```
newman run 博学谷.postman_collection.json -e 博学谷测试环境.postman_environment.json -r html
```

输入完上述命令后，按"Enter"键执行该命令，命令提示符窗口如图 4-49 所示。

图4-49 命令提示符窗口

由图 4-49 可知，没有报错信息，说明生成测试报告的命令执行成功。此时，在"D:\test_report"中会出现一个名为 newman 的文件夹，该文件夹中扩展名为.html 的文件就是生成的测试报告，如图 4-50 所示。

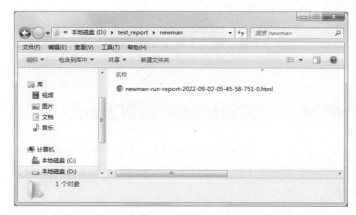

图4-50 测试报告

在图 4-50 所示界面中，双击测试报告就可以查看访问博学谷首页的详细测试报告内容，如图 4-51 所示。

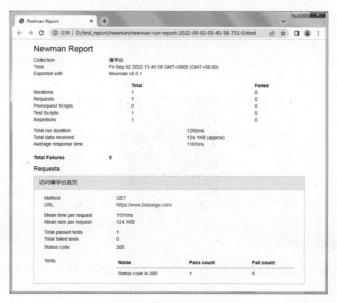

图4-51 详细测试报告内容

下面结合图 4–51 介绍该测试报告的内容，具体如下。

- Collection：表示集合名称。
- Time：表示测试时间。
- Exported with：表示 Newman 的版本。
- Iterations：表示迭代次数，Total 表示测试的接口总数，Failed 表示失败的数量。
- Requests：表示请求的数量。
- Prerequest Scripts：表示预请求脚本。
- Test Scripts：表示测试脚本。
- Assertions：表示断言的数量。
- Total run duration：表示总运行持续时间。
- Total data received：表示收到的总数据大小。
- Average response time：表示平均响应时间。
- Total Failures：表示测试失败的总数量。

由图 4–51 可知，在 Postman 中共发送了 1 个接口请求，测试的运行持续时间为 1260ms，收到的总数据为 124.1KB，平均响应时间为 1191ms。在 "Requests" 下方可以查看具体的接口请求信息，例如，图4–51 中，显示了访问博学谷首页的接口请求方法、请求地址、测试通过的数量、响应状态码和断言结果等信息。

4.5　实例：iHRM 人力资源管理系统接口测试

"实践是检验真理的唯一标准"，只有不断地实践和探索，才能不断推动科学技术、经济文化等方面的进步和发展。在学习过程中，也只有实践才能不断提高自己的技能和水平。

为了让读者能够掌握前面讲解的接口测试的基础知识，本节将通过 iHRM 人力资源管理系统来演示如何使用 Postman 对该系统中的登录模块与员工管理模块进行接口测试。

4.5.1　项目介绍

iHRM 人力资源管理系统是一个管理员工绩效、入职、离职等信息的项目，该项目包含登录、组织管理、员工管理、绩效管理等模块。本实例只对 iHRM 人力资源管理系统中的登录模块和员工管理模块的接口进行测试，为了让读者看到这些模块的接口测试通过时页面的显示效果，接下来可扫描下方二维码查看登录页面与员工管理页面的显示效果。

4–2　登录页面与员工管理页面的显示效果

4.5.2　项目接口文档

项目接口文档中描述了被测接口的相关信息，如果没有被测接口的信息，则测试人员在设计接口测试用例时将没有参考依据。为了对 iHRM 人力资源管理系统中的登录模块和员工管理模块进行接口测试，接下来介绍这两个模块的接口信息，具体内容可扫描下方二维码进行查看。

4-3　登录模块与员工管理模块的接口信息

4.5.3　设计接口测试用例

在 4.5.2 小节中，介绍了 iHRM 人力资源管理系统登录模块和员工管理模块的接口信息，下面根据接口信息设计接口测试用例，具体内容可扫描下方二维码进行查看。

4-4　登录模块与员工管理模块的接口测试用例

4.5.4　执行登录模块的接口测试用例

4.5.3 小节已经完成了登录模块的接口测试用例设计，下面根据设计的接口测试用例在 Postman 中进行测试，具体实现过程可扫描下方二维码进行查看。

4-5　执行登录模块的接口测试用例

4.5.5　执行员工管理模块的接口测试用例

4.5.3 小节已经完成了员工管理模块的接口测试用例设计，下面根据设计的接口测试用例在 Postman 中分别执行员工管理列表、添加员工、查询员工的接口测试用例，在执行这些测试用例之前，需要确保执行过登录模块的接口测试用例。执行员工管理模块的接口测试用例的具体实现过程可扫描下方二维码进行查看。

4-6　执行员工管理模块的接口测试用例

4.5.6 生成接口测试报告

当接口测试用例执行完成后，需要从 Postman 中导出环境变量和集合，并通过命令生成测试报告，具体操作过程可扫描下方二维码进行查看。

4-7 生成接口测试报告

4.6 本章小结

本章主要讲解了接口测试的相关内容，包括接口测试简介、HTTP、Postman 入门、Postman 的基本使用和 iHRM 人力资源管理系统实例。其中，Postman 的基本使用的内容需要重点掌握，iHRM 人力资源管理系统中的内容需要根据测试步骤进行练习。通过本章的学习，读者应能够掌握如何使用 Postman 对项目中的接口进行测试。

4.7 本章习题

一、填空题

1. 断言的目的是验证软件开发的_____与实际结果是否一致。

2. 接口测试原理是模拟_____向服务器发送请求。

3. 参数化常用的数据文件格式有 CSV 和_____。

4. _____是客户端和服务器之间的通信协议。

二、判断题

1. 在接口测试中，测试人员只需要关注被测接口之间数据的传递，不需要关注接口之间的逻辑依赖关系。（　　）

2. 通过接口测试可以尽早发现一些页面操作难以发现的问题。（　　）

3. 在开展接口测试前，需要对接口文档进行解析和评审。（　　）

4. 如果没有接口文档，则无法获取接口的相关信息。（　　）

5. 在 Postman 中可以设置多组环境变量，但是只能设置一组全局变量。（　　）

6. POST 请求方法用于请求服务器更新指定的资源。（　　）

三、单选题

1. 下列选项中，不属于 HTTP 请求组成部分的是（　　）。

A. 请求行　　　　　　　B. 请求体　　　　　　　C. 状态行　　　　　　　D. 请求头

2. 下列关于 HTTP 响应说法错误的是（　　）。

A. 当服务器成功接收到 HTTP 请求时，才会产生 HTTP 响应

B. 响应体位于响应头的下方

C. 状态行包括协议版本、状态码和状态码描述

D. 响应头位于 HTTP 响应的第 1 行

3. 下列选项中，关于 Postman 的基本使用说法错误的是（　　）。

A. 使用 Postman 进行接口测试时不支持导入 JSON 格式的文件

B. Postman 工具中的 Status code:Code is 200 可以用于响应状态码断言

C. 通过设置环境变量或全局变量可以实现接口关联

D. 可以对 HTTP 响应中的某个字符串进行断言

4. 下列选项中，关于 HTTP 响应状态码说法错误的是（　　）。

A. 状态码 500，表示服务器发生错误

B. 状态码 400，表示客户端请求的资源不存在

C. 状态码 503，表示服务器当前不能处理客户端的请求

D. 状态码 200，表示客户端请求成功

5. 下列选项中，关于 HTTP 请求体说法正确的是（　　）。

A. 所有的请求方法都有请求体

B. 请求体中的数据类型只有 text/html

C. 通常在 POST 和 PUT 请求方法中才有请求体

D. 请求体位于 HTTP 请求的第 1 行

6. 下列选项中，关于 URL 说法错误的是（　　）。

A. 因特网上的每个文件都有一个唯一的 URL

B. URL 是描述因特网上网页和资源的一种标识方法

C. URL 不支持 FTP

D. 每一种传输协议都有默认的端口号，通常可以省略

四、简答题

1. 请简述实现接口测试的方式。

2. 请简述接口测试的流程。

第5章

性能测试

学习目标

★ 了解性能测试的概念，能够描述性能测试的概念及目的

★ 了解性能测试的种类，能够描述常见的性能测试种类及其特点

★ 了解性能测试的指标，能够描述常见的性能测试指标及其特点

★ 掌握 JDK 和 JMeter 的安装，能够独立完成 JDK 和 JMeter 的安装

★ 掌握 JMeter 的使用，能够使用 JMeter 执行简单的性能测试

★ 掌握取样器的使用，能够使用取样器发送各种需求的 HTTP 请求

★ 掌握监听器的使用，能够使用察看结果树和聚合报告查看性能测试结果

★ 掌握配置元件的使用，能够使用常用的配置元件完成参数化设置

★ 掌握断言的使用，能够使用断言完成 HTTP 请求响应结果的判断

★ 掌握前置处理器的使用，能够使用用户参数完成特殊的参数化设置

★ 掌握后置处理器的使用，能够使用常用的后置处理器完成响应数据的提取

★ 掌握逻辑控制器的使用，能够使用常用的逻辑控制器控制脚本的执行顺序

★ 掌握定时器的使用，能够使用常用的定时器控制请求的延迟发送

　　互联网的发展使人们对软件产品与网络的依赖性越来越强，同时也加快了人们生活和工作的节奏，为了追求高质量、高效率的生活和工作，人们对软件产品的性能要求越来越高，例如软件产品要足够稳定、响应速度要足够快，在用户量、工作量较大时也不会出现崩溃或卡顿等现象。人们对软件产品性能的高要求，使得软件的性能测试越来越受到测试人员的重视。

　　性能测试是度量软件质量的一种重要方式，它从软件的响应速度、稳定性、兼容性、可移植性等方面检测软件是否满足用户需求。作为软件测试人员，性能测试是必须要掌握的测试技能之一。本章将对性能测试的相关知识进行详细讲解。

5.1 性能测试概述

5.1.1 性能测试简介

性能测试是通过性能测试工具模拟正常、峰值和异常负载条件来对系统的各项性能指标进行测试。性能测试能够验证软件系统是否达到了用户期望的性能需求，同时也可以发现系统中可能存在的性能瓶颈和缺陷，从而优化系统的性能。

在进行性能测试时，首先需要确定性能测试的目的，然后根据性能测试目的制定测试方案。通常情况下，性能测试的目的主要有以下 4 个方面。

（1）验证系统性能是否满足预期的性能需求，包括系统的执行效率、稳定性、可靠性、安全性等。

（2）分析软件系统在各种负载水平下的运行状态，提高性能调整效率。

（3）识别系统缺陷，寻找系统中可能存在的性能问题，定位系统性能瓶颈并解决问题。

（4）进行系统调优，通过重复的、长时间的测试，找出系统中存在的隐含问题，改善并优化系统的性能。

性能测试除了能为企业提供软件系统的执行效率、稳定性、可靠性等信息外，更重要的是它还能指出产品在上线之前需要做哪些改进以使产品更完善。如果没有性能测试，软件在投入使用之后可能会出现各种各样的性能问题，甚至引发安全问题。例如，信息泄露除了会造成声誉损失、财产损失外，还可能会造成恶劣的社会影响。

5.1.2 性能测试种类

系统的性能覆盖面非常广，包括执行效率、资源占用、系统稳定性、安全性、兼容性、可靠性、可扩展性等。

性能测试是一个统称，它包含很多种类，例如基准测试、负载测试、压力测试、并发测试、配置测试、稳定性测试、容量测试等，每种测试都有其侧重点，下面将分别介绍 7 种主要的性能测试。

1. 基准测试

从狭义上讲，基准测试是指单用户测试，即测试环境确定后，使用单个用户对业务模型中的重要业务做多次单独的测试，观察并记录各项性能指标的变化。例如，同一个用户登录 10 次软件以测试登录所需时间，最后得出 10 次登录平均所需时间为 3 秒，这就是一次基准测试。

从广义上讲，基准测试是一种测量和评估软件性能指标的测试。在某个时刻通过基准测试建立一条基准线，当系统的软硬件环境发生变化之后，再进行测试以确定软硬件环境变化对软件性能的影响。例如，对于某商城 1.0 版本，模拟 5 万用户同时下单，硬件配置为 8 个 CPU、16GB 内存，下单响应时间为 3 秒。以此基准线为标准，不改变其他条件，分别模拟 10 万、20 万等多组用户的下单响应时间。

基准测试一般不会单独存在，它通常为多用户并发测试等提供参考依据，为系统配置、环境配置、系统优化前后的性能变化提供参考指标。

2. 负载测试

负载测试是指逐步增加系统负载（如逐渐增加模拟用户数量）来测试系统性能的变化，并最终确定在满足系统性能指标的情况下，系统所能够承受的最大负载。负载测试类似于举重运动，通过不断给举重运动员增加重量，确定运动员在身体允许的情况下所能举起的最大重量。

进行负载测试的前提是满足性能指标要求。例如一个软件系统的响应时间要求不超过 2 秒，则在这个前提下，不断增加用户访问量，当访问量超过 1 万人时，系统的响应时间就会变慢，并超过 2 秒，即可以确定系统响应时间不超过 2 秒的前提下最大负载是 1 万人。

3. 压力测试

压力测试也叫强度测试，是指让系统超负荷运行，使系统某些资源达到饱和或接近系统崩溃的边缘，以测试系统的性能变化，从而确定系统所能承受的最大压力。压力测试可以暴露那些只有在高负载条件下才会出现的 bug，例如同步问题、内存泄漏等。

压力测试与负载测试是有区别的，负载测试的目的是在满足性能指标要求的前提下，测试系统能够承受的最大负载，而压力测试的目的则是测试使系统性能达到极限的状态。例如软件系统正常的响应时间为 2 秒，通过负载测试确定用户访问量超过 1 万人时响应时间变慢。对于压力测试，则继续增加用户访问量，观察系统的性能变化，当用户访问量增加到 2 万人时系统响应时间为 3 秒，当用户访问量增加到 3 万人时响应时间为 4 秒，当用户访问量增加到 4 万人时，系统崩溃无法响应。由此确定系统能承受的最大访问量为 4 万人。

> **小提示：**
>
> 性能测试中还有一种压力测试叫作峰值测试，它是指瞬间（非逐步加压）将系统压力加载到最大，测试软件系统在极限压力下的运行情况。峰值测试的情况多见于"秒杀""双十一"等活动。

4. 并发测试

并发测试是指通过模拟用户并发访问，测试多用户并发访问同一个应用、同一个模块或者数据记录时是否存在死锁、响应慢或其他性能问题。并发测试一般没有标准，只是测试并发时会不会出现意外情况。几乎所有的性能测试都会涉及并发测试，例如多个用户同时访问某一条件数据或多个用户同时更新数据，此时数据库可能就会出现访问错误、写入错误等异常情况。

5. 配置测试

配置测试是指调整软件系统的软硬件环境，测试各种环境对系统性能的影响，从而找到系统各项资源的最优分配原则。配置测试不改变代码，只改变软硬件配置，例如安装版本更高的数据库、配置性能更好的 CPU 和内存等，其通过更改外部配置来提高软件的性能。

6. 稳定性测试

稳定性测试也称为可靠性测试，它是指让系统在强负载情况下，持续运行一段时间（如 7 × 24 小时），测试系统在这种条件下是否能够稳定运行。由于系统在强负载下有业务压力且运行时间较长，所以稳定性测试可以检测系统是否存在内存泄漏等问题。

7. 容量测试

容量测试是指在一定的软硬件及网络环境下，测试系统所能支持的最大用户数、最大存储量等。容量测试通常与数据库、系统资源（如 CPU、内存、磁盘等）有关，用于规划将来需求增长（如用户增长、业务量增加等）时，对数据库和系统资源的优化。

5.1.3 性能测试指标

性能测试不同于功能测试，功能测试只要求测试软件的功能是否实现，而性能测试要求测试软件功能的执行效率是否达到要求。例如某个软件具备查询功能，功能测试只测试查询功能是否实现，而性能测试却要求测试查询功能的响应时间是否足够准确、快速。但是，对于性能测试来说，多快的查询速度才算足够快，什么样的查询情况才算足够准确是很难界定的。因此，我们需要一些指标来量化这些数据。

性能测试常用的指标包括响应时间、吞吐量、并发用户数、QPS（Queries Per Second，每秒查询数）和 TPS（Transactions Per Second，每秒事务数）等，下面分别进行介绍。

1. 响应时间

响应时间（Response Time）是指系统对用户请求做出响应所需要的时间。这个时间是指用户从客户端发出请求到用户接收到返回数据的整个过程所需要的时间，包括各种中间件（如服务器、数据库等）的处理时间，如图 5-1 所示。

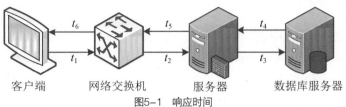

t_6, t_5, t_4, t_1, t_2, t_3

客户端　　　　　网络交换机　　　　　服务器　　　　数据库服务器

图5-1　响应时间

图 5-1 中，系统的响应时间为 $t_1+t_2+t_3+t_4+t_5+t_6$。响应时间越短，说明软件的响应速度越快，性能越好。但是响应时间需要与用户的具体需求相结合，例如火车订票查询功能的响应时间通常在 2 秒内，而在网站下载电影时，通常以分钟计时。

系统的响应时间会随着访问量的增加、业务量的增加等变长，在进行性能测试时，除了测试系统的正常响应时间是否达到要求外，还会测试在一定压力下系统响应时间的变化。

2. 吞吐量

吞吐量（Throughput）是指单位时间内系统能够完成的工作量，它衡量的是软件系统服务器的处理能力。吞吐量的度量单位可以是请求数/秒、页面数/秒、访问人数/天、处理业务数/小时等。

吞吐量是软件系统衡量自身负载能力的一个很重要的指标，吞吐量越大，系统单位时间内处理的数据就越多，系统的负载能力就越强。

3. 并发用户数

并发用户数是指在同一时间内请求和访问的用户数量。例如对于某一软件，同时有 100 个用户请求登录，则其并发用户数就是 100。并发用户数越大，其对系统的性能影响越大，并发用户数较大可能会导致系统响应变慢、系统不稳定等。软件系统在设计时必须要考虑并发访问的情况，测试人员在进行性能测试时也必须进行并发访问的测试。

4. QPS 和 TPS

QPS 是指系统每秒能够响应的查询次数，用于衡量特定的查询服务器在规定时间内能够处理的流量。

TPS 是指系统每秒能够处理的事务数量。一个事务可以包含多个请求。

如果对一个查询接口进行压力测试，且这个接口内部不会再去请求其他接口，那么 TPS 与 QPS 没有区别；如果对一个事务进行操作，该事务中包含了 n 个查询接口，且这些接口内部都不会再去请求其他接口，那么此时的 $QPS=n \times TPS$。

5. 点击率

点击率（Hits Per Second）是指用户每秒向 Web 服务器提交的 HTTP 请求数量，这个指标是 Web 应用特有的一个性能指标，通过点击率可以评估用户产生的负载量，并且可以判断系统是否稳定。点击率只是一个参考指标，用于辅助衡量 Web 服务器的性能。

6. 错误率

错误率是指系统在负载情况下，业务失败的概率。错误率是一种性能指标，不是功能上的随机 bug，大多数系统都会要求错误率无限接近于 0。

7. 资源利用率

资源利用率是指软件对系统资源的利用情况，包括 CPU 利用率、内存利用率、磁盘利用率等，资源利用率是分析软件性能瓶颈的重要参数。例如某一个软件，预期最大访问量为 1 万，但是当达到 6000 访问量时内存利用率就已经达到 80%，限制了访问量的增加，此时就需要考虑软件是否有内存泄漏等缺陷，从而进行优化。

5.2 搭建性能测试环境

在开展性能测试之前，首先需要搭建性能测试环境，例如，安装JDK和性能测试工具。现在比较常用的性能测试工具是JMeter。JMeter是由Apache开发、维护的一款开源、免费的性能测试工具，JMeter以Java作为底层支撑环境，它最初是为测试Web应用程序而设计的，但后来随着发展逐步扩展到了其他领域。由于JMeter是用Java开发的，所以在安装JMeter之前需要先安装JDK（Java Development Kit，Java开发工具包）。本节将对JDK和JMeter的安装进行详细讲解。

5.2.1 安装配置JDK

JDK有多种不同的版本，以支持不同的操作系统，不同操作系统的JDK在使用上基本类似，初学者可以根据自己使用的操作系统，从Oracle官网下载相应的JDK安装文件。下面以64位的Windows 7操作系统为例演示JDK 8的安装配置过程，具体步骤如下。

1. 安装JDK

从Oracle官网下载安装文件"jdk-8u201-windows-x64.exe"，下载完成之后，双击文件，进入JDK 8安装界面，如图5-2所示。

在图5-2所示界面中，单击"下一步"按钮进入JDK自定义安装界面，如图5-3所示。

图5-2　JDK 8安装界面

图5-3　JDK自定义安装界面

在图5-3所示界面中，左侧有3个功能模块，每个模块的功能具体如下。

● 开发工具：是JDK中的核心功能模块，包含一系列可执行程序，例如javac.exe、java.exe等，还包含一个专用的JRE（Java Runtime Environment，Java运行环境）。

● 源代码：是Java提供的公共API类的源代码。

● 公共JRE：是Java程序的运行环境。由于开发工具中已经包含一个JRE，所以不需要再安装公共的JRE环境，此模块可以不做选择。

在JDK自定义安装界面中，用户可以根据需求选择所要安装的模块，本书选择"开发工具"模块。另外，在图5-3所示界面的右侧有一个"更改"按钮，单击该按钮可以进入更改JDK安装目录的界面，如图5-4所示。

在图5-4所示界面中，更改完JDK的安装目录之后，直接单击"确定"按钮，返回图5-3所示界面。在图5-3所示界面中，单击"下一步"按钮开始安装JDK。安装完毕后会进入安装完成界面，如图5-5所示。

图5-4　更改JDK安装目录的界面　　　　　　　图5-5　安装完成界面

在图 5-5 所示界面中，单击"关闭"按钮就可以关闭当前界面，完成 JDK 的安装。

2. 配置环境变量

JDK 安装成功之后，还需要将其路径配置到 Path 环境变量中，否则，JDK 只在其安装目录下有效，其他目录无法使用 JDK。将 JDK 的路径配置到 Path 环境变量的具体操作如下。

右键单击桌面上的"计算机"会弹出一个快捷菜单，选择快捷菜单中的"属性"选项，在弹出的"系统"窗口左侧选择"高级系统设置"选项，弹出"系统属性"对话框，在"系统属性"对话框的"高级"选项卡中单击"环境变量"按钮，弹出"环境变量"对话框，如图 5-6 所示。

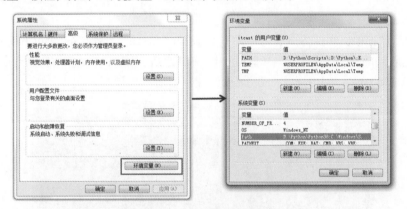

图5-6　"环境变量"对话框

在图 5-6 所示的"环境变量"对话框中，在"系统变量"区域选中变量名为 Path 的系统变量，单击"编辑"按钮，弹出"编辑系统变量"对话框，如图 5-7 所示。

在图 5-7 所示对话框中，在"变量值"文本框内，添加"C:\Program Files\Java\jdk1.8.0_201\bin"路径，并在路径后面用英文半角分号（;）结束，将其与后面的路径隔开，如图 5-8 所示。

图5-7　"编辑系统变量"对话框（1）　　　　　图5-8　"编辑系统变量"对话框（2）

在图 5-8 所示对话框中添加完路径后，依次单击"确定"按钮，完成环境变量的配置。

至此，完成 JDK 的安装与配置。

5.2.2　安装 JMeter

登录 Apache JMeter 官网，Apache JMeter 官网首页如图 5-9 所示。

图5-9　Apache JMeter官网首页

　　在图 5-9 所示页面中，单击"apache-jmeter-5.4.3.zip sha512 pgp"下载超链接即可下载 JMeter 的安装文件。下载完成之后，JMeter 无须安装，解压即可使用。解压之后，在 bin 目录下，有一个 jmeter.bat 文件，双击该文件就可以启动 JMeter，JMeter 启动成功界面如图 5-10 所示。

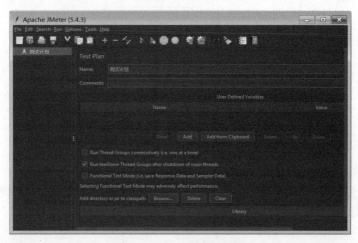

图5-10　JMeter启动成功界面

至此，JMeter 安装成功。

5.2.3　JMeter 目录

JMeter 安装文件解压之后，其目录如图 5-11 所示。

下面结合图 5-11，对 JMeter 常用目录进行简单介绍。

1. bin 目录

bin 目录用于存储可执行文件和配置文件，bin 目录中的内容如图 5-12 所示。

图5-11　JMeter目录　　　　　　　　　　　图5-12　bin目录中的内容

bin 目录中常用的文件有以下 5 个。

- jmeter.bat：JMeter 的 Windows 系统的启动文件，双击该文件便可启动 JMeter。
- jmeter.log：JMeter 的日志文件。
- jmeter.properties：JMeter 的配置文件，JMeter 的所有配置都在该文件中完成。
- jmeter.sh：Linux/macOS 启动文件。
- jmeter-server：Linux/macOS 分布式测试启动文件。
- jmeter-server.bat：Windows 系统分布式测试启动文件。

2. docs 目录

docs 目录为接口文档目录，该目录主要用于存储 JMeter 官方的 API 文档，用于二次开发。在 docs/api/index.html 文件中，可以查找类名、包名的使用方法。

3. extras 目录

extras目录为扩展插件目录，该目录存储的是JMeter与其他工具集成所需要的一些组件。例如，extras 目录下有 ant-jemter-1.1.1.jar 包，说明 JMeter 可以集成 Apache Ant 自动化测试工具。

4. lib 目录

lib 目录主要用于存储 JMeter 依赖的 JAR 包和用户扩展（第三方）所依赖的 JAR 包。lib 目录下存储的是 JMeter 自带的 JAR 包，用户扩展所依赖的 JAR 包存储在 lib 目录下的 ext 文件夹中。

5. licenses 目录

licenses 目录存储的是 JMeter 的软件许可证，在 licenses 目录下可以查看软件许可文件。

6. printable_docs 目录

printable_docs 目录存储的是 JMeter 官方的帮助文档，在 printable_docs 目录下的 index.html 文件中，可以查看官方的帮助文档。

多学一招：JMeter 背景更改和界面汉化

JMeter 背景默认为黑色，且是英文界面，不易于使用。下面对 JMeter 背景更改和界面汉化进行讲解。

1. 背景更改

要想更改 JMeter 背景，可以在菜单栏单击"Options"→"Look and Feel"→"Windows"，如图 5-13 所示。

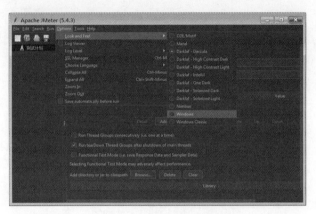

图5-13　更改JMeter背景

弹出"Exit"对话框，如图 5-14 所示。

图5-14　"Exit"对话框

图 5-14 所示对话框中的内容提示用户需要重启 JMeter，单击"Yes"按钮。重启 JMeter，即可将 JMeter 背景更改为浅色。

2. 界面汉化

要想汉化 JMeter 界面，可以通过在菜单栏单击"Options"→"Choose Language"→"Chinese (Simplified)" 来设置汉化界面，如图 5-15 所示。

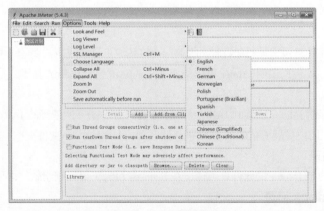

图5-15　JMeter界面汉化

但这样设置的界面汉化只是临时性的，JMeter 重启之后，界面汉化就失效了。如果想永久汉化界面，需要在 jmeter.properties 文件中进行配置。

打开 jmeter.properties 文件，修改 language 的值为 zh_CN，配置完成之后，取消前面的注释，修改之后的配置如下。

```
language=zh_CN
```

language 设置完成之后，保存文件，重启 JMeter 即可看到汉化的界面。

5.3　第一个 JMeter 测试

5.2 节完成了 JMeter 的安装，本节将通过 JMeter 向百度网站发送一个请求，实现 JMeter 的第一个测试，以演示 JMeter 的使用，具体步骤如下。

1. 添加测试计划

测试计划是 JMeter 的根元素，也是 JMeter 的管理单元。JMeter 中的所有测试内容都基于测试计划，每一个测试计划都可以模拟一定的特定场景，用户可以通过添加各种元件制定测试计划。

每次启动 JMeter 后，主界面都默认有一个空的测试计划，如图 5-16 所示。用户也可以在菜单栏单击"文件"，在弹出的下拉菜单中选择"新建"选项，添加测试计划。添加测试计划之后，将其命名为第一个测试计划，按"Ctrl+S"组合键保存测试计划。

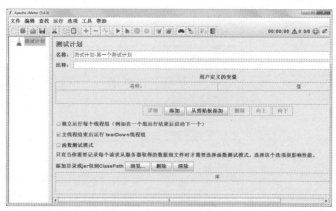

图5-16　第一个测试计划

2. 添加线程组

保存好测试计划之后便可添加线程组，线程组是测试计划的入口。在图 5-17 所示界面中，右键单击 JMeter 主界面左侧的"测试计划-第一个测试计划"，在弹出的快捷菜单中依次选择"添加"→"线程（用户）"→"线程组"，如图 5-17 所示。

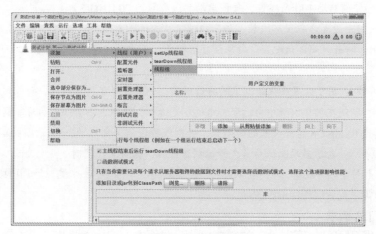

图5-17　添加线程组

在图 5-17 所示界面中，"线程（用户）"后有 3 个线程组选项，分别是"setUp 线程组""tearDown 线程组""线程组"，这 3 个线程组的含义与作用分别如下。

- setUp 线程组：一种特殊类型的线程组，用于执行测试前的初始化操作。例如，测试购物网站在购物之前需要先登录，登录操作就可以在 setUp 线程组中配置。setUp 线程组的执行顺序在普通线程组之前。
- tearDown 线程组：一种特殊类型的线程组，用于执行测试结束之后的回收工作。例如，测试购物网站在购物结束之后需要退出登录，退出登录操作就可以在 tearDown 线程组中配置。tearDown 线程组的执行顺序在普通线程组之后。
- 线程组：普通线程组，一个线程组可以表示一个虚拟用户组，在线程组中可以设置线程数量，每一个线程都可以模拟一个虚拟用户。

setUp 线程组、tearDown 线程组、线程组的主要配置项都相同，下面以线程组为例讲解主要配置项。

在图 5-17 所示界面中，单击"线程组"选项添加线程组，线程组添加成功界面如图 5-18 所示。

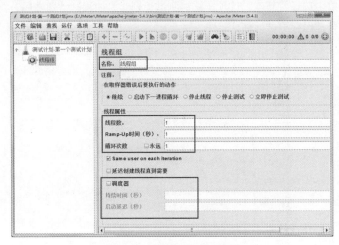

图5-18　线程组添加成功界面

在图 5-18 所示界面中，线程组的主要配置项的含义与作用如下。

- 名称：用于为线程组命名。
- 线程数：用于设置线程数量，即要模拟多少个用户。
- Ramp-Up 时间（秒）：用于设置线程全部启动的时间。例如，若线程数设置为 100，Ramp-Up 时间设置为 5，表示在 5 秒内启动 100 个线程，每秒启动的线程数为 20（100/5）。
- 循环次数：用于设置线程循环次数。如果勾选了"永远"复选框，则线程会一直循环。
- 调度器：用于打开时间调试配置。勾选该复选框后，下方的"持续时间（秒）"和"启动延迟（秒）"才能设置。
- 持续时间（秒）：用于设置线程组测试的持续时间。如果设置了持续时间，则以该时间为准，时间到则线程组测试结束，即使在循环次数中勾选了"永远"复选框，线程也不会一直循环。需要注意的是，持续时间设置的时间要比 Ramp-Up 时间设置的时间长，否则线程还未全部启动，测试就结束了。
- 启动延迟（秒）：表示启动测试后多久开始创建线程，通常用于定时。

在本案例中，不需要额外配置，保持默认即可。在实际测试工作中，一个测试计划可以添加多个线程组，用户可以根据测试需求配置线程组的配置项。

3. 添加 HTTP 请求

HTTP 请求是用于发送请求的元件，在图 5-18 所示界面中，选中"线程组"并右键单击，在弹出的快捷菜单中依次选择"添加"→"取样器"→"HTTP 请求",如图 5-19 所示。

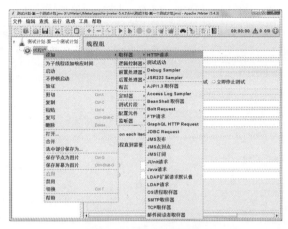

图5-19 添加HTTP请求

在图 5-19 所示界面中,单击"HTTP 请求"选项完成 HTTP 请求的添加,HTTP 请求添加成功界面如图 5-20 所示。

图5-20 HTTP请求添加成功界面

在图 5-20 所示界面中,配置要发送的请求,例如,请求百度网站,并将请求的协议、服务器名称或 IP 地址、端口号、请求方式、路径等信息配置到 HTTP 请求中。本次只是向百度发送一次请求,只需配置协议、服务器名称或 IP 地址即可,配置信息如图 5-21 所示。

图5-21 配置信息

4. 添加察看结果树

完成 HTTP 请求的配置之后，即可发送请求，但为了查看请求的结果信息，需要添加查看结果的元件，本次添加察看结果树元件以查看请求结果。在图 5-21 所示界面中，选中"线程组"并右键单击，在弹出的快捷菜单中依次选择"添加"→"监听器"→"察看结果树"，如图 5-22 所示。

察看结果树添加成功界面如图 5-23 所示。

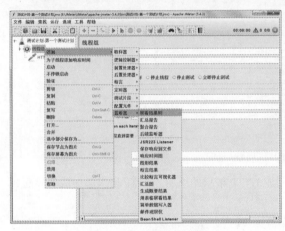

图5-22　添加察看结果树　　　　　　　　　　图5-23　察看结果树添加成功界面

5. 测试执行

察看结果树添加成功之后，在图 5-23 所示界面中，单击工具栏中的启动按钮"▶"，JMeter 就会发送请求，并接收百度服务器返回的结果。请求与返回结果的信息可以在察看结果树中查看，如图 5-24 所示。

图5-24　请求与返回结果的信息

在图 5-24 所示界面中，在察看结果树中，选中所发送的请求，右侧就会出现请求相关的数据，通过单击"取样器结果""请求""响应数据"标签，可以查看请求和响应的相关数据。例如，单击"请求"标签，可以查看到 JMeter 发送的请求为 GET 请求，URL 为 http://www.baidu.com/。

至此，第一个 JMeter 测试完成。

> **小提示：元件与组件**
>
> 为方便后续更好地学习 JMeter，在这里说明元件与组件。
>
> 元件是指JMeter中的一个无法拆分的子功能。组件是指一组具有相似功能的元件的集合。例如，在图 5-19

中，取样器是一个组件，用于发送请求，在这个组件中有各种各样的元件，这些元件用于发送不同的请求，其中 HTTP 请求就是一个非常常用的元件。同样，在图 5-22 中，监听器也是一个组件，用于监听请求返回的结果。在监听器中，有多个监听结果的元件，例如察看结果树、汇总报告、聚合报告等。

5.4　JMeter 的核心组件

在实际测试工作中，一个测试计划往往很复杂，需要添加多个元件并对其进行配置。在添加元件之前，首先需要明确元件所归属的组件，即明确元件的位置和作用。JMeter 有 8 个核心组件，每个组件下都有多个元件，本节将对 JMeter 的核心组件进行详细讲解。

5.4.1　取样器

取样器也称为采样器，它用于模拟用户操作，向服务器发送请求并接收服务器的响应数据。JMeter 支持不同类型的取样器，例如 HTTP 请求、FTP 请求、Java 请求等，不同类型的取样器可以通过设置参数向服务器发送不同的请求。

取样器用于模拟用户向服务器发送请求，可以通过线程组添加取样器。最常用的取样器为 HTTP 请求，下面以 HTTP 请求为例，讲解取样器的配置。首先在 JMeter 主界面的测试计划中添加一个线程组，然后选中该线程组并右键单击，在弹出的快捷菜单中依次选择 "添加" → "取样器" → "HTTP 请求"，会出现一个 HTTP 请求界面，可在该界面配置 HTTP 请求的信息，如图 5-25 所示。

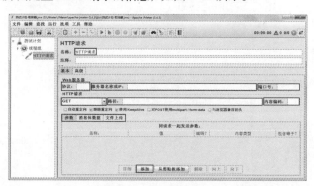

图5-25　HTTP请求界面

下面结合图 5-25 介绍 HTTP 请求的基本配置项。

- 名称：可以给 HTTP 请求命名。
- 协议：用于设置 HTTP 请求的协议。HTTP 请求有两种协议，即 HTTP 和 HTTPS，用户可以根据实际测试场景设置协议。如果不设置协议，JMeter 默认使用 HTTP。
- 服务器名称或 IP：用于设置请求地址，例如 www.baidu.com。
- 端口号：用于设置请求的端口号。HTTP 的默认端口号为 80，HTTPS 的默认端口号为 443。
- HTTP 请求方式：在 "协议" 下方有一个 "GET" 字样的配置项，该配置项用于设置 HTTP 请求方式。HTTP 请求方式主要有 GET（查找）、POST（提交）、PUT（更新）、DELETE（删除），用户可以根据实际测试场景选择合适的请求方式。
- 路径：用于设置请求的接口地址。
- 内容编码：一般设置为 UTF-8。
- 参数：用于设置请求参数。当请求地址中需要携带参数时，可以单击下方的 "添加" 按钮添加一个键值对输入栏，输入相应的键和值（参数）。

● 消息体数据：也用于设置请求参数。当在请求体中传递参数时，可以将请求中的参数以 JSON 格式写在"消息体数据"下方的空白处。

● 文件上传：可以将请求中携带的参数以文件的形式进行传递。以文件形式传递参数时，可以单击下方的"添加"按钮添加一个键值对输入栏，输入文件名称和要传递的参数。

为了让读者更好地掌握 HTTP 请求的配置，下面通过两个小案例演示 HTTP 请求的配置。

第 1 个案例要求使用 JMeter 发送一个 GET 请求，请求地址为 http://www.baidu.com/S?wd=test，要求分别使用路径和参数列表这两种方式传递 GET 请求参数。

分析上述要求可知，请求方式为 GET，请求协议为 HTTP，服务器名称或 IP 地址为 www.baidu.com/S?wd=test。由于请求协议为 HTTP，所以端口号为 80。当使用路径传递参数时，直接将参数/S?wd=test 写在路径中即可；当使用参数列表传递参数时，在路径配置中配置/S，参数 wd=test 则以参数列表的形式配置。

明确了上述信息，下面分别在 JMeter 中添加 HTTP 请求，使用路径传递参数的 HTTP 请求界面和使用参数列表传递参数的 HTTP 请求界面分别如图 5-26 和图 5-27 所示。

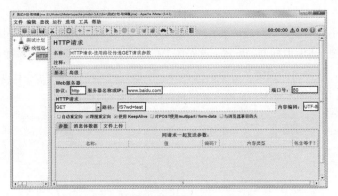

图5-26　使用路径传递参数的HTTP请求界面

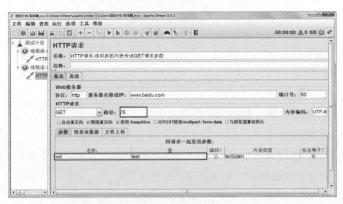

图5-27　使用参数列表传递参数的HTTP请求界面

下面演示第 2 个案例，本案例要求使用 JMeter 发送一个 POST 请求，请求地址为 https://www.baidu.com/S?wd=test，要求使用消息体数据传递 POST 请求的参数。

分析上述要求可知，请求方式为POST，请求协议为HTTPS，服务器名称或 IP 地址为 www.baidu.com/S?wd=test。由于请求协议为 HTTPS，所以端口号为 443。使用消息体传递参数时，路径配置中只配置/S，参数wd=test 写在"消息体数据"下方的空白处。

明确了上述信息，使用消息体传递 POST 请求参数的 HTTP 请求界面如图 5-28 所示。

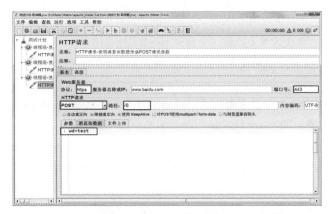

图5-28　使用消息体传递POST请求参数的HTTP请求界面

5.4.2　监听器

监听器主要用于监听 JMeter 的测试结果，监听器可以将测试结果以表格或图形的形式展现给用户，也可以将测试结果保存到文件中，供用户再次分析时使用。监听器可以在测试计划的任何位置添加，包括直接在测试计划下面添加或在线程组下面添加。监听器只能监听、收集同层级或下层级元件的数据，因此，在不同层级添加的监听器的监听范围不同。

JMeter 常用的监听器为察看结果树和聚合报告，下面将对这两个监听器进行讲解。

1. 察看结果树

察看结果树通常在调试脚本的时候用于观察请求和响应结果是否正确，包括请求头、请求体、响应头、响应体。察看结果树可以在测试计划中添加，也可以在线程组中添加，这两种添加方式的具体介绍如下。

（1）在测试计划中添加察看结果树

在 JMeter 主界面选中测试计划并右键单击，在弹出的快捷菜单中依次选择"添加"→"监听器"→"察看结果树"，会添加一个察看结果树界面，也就是一个察看结果树。

（2）在线程组中添加察看结果树

在 JMeter 主界面的测试计划中首先添加线程组，然后选中线程组并右键单击，在弹出的快捷菜单中依次选择"添加"→"监听器"→"察看结果树"，会添加一个察看结果树界面。

用上述两种方式添加的察看结果树界面是相同的，如图 5-29 所示。

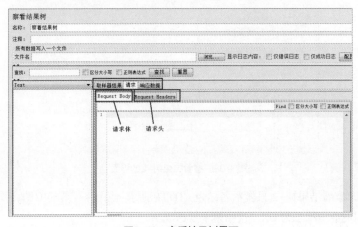

图5-29　察看结果树界面

图 5-29 中，请求中的请求头和请求体是分开显示的，这样更加清晰明了。察看结果树界面有"取样器结果""请求""响应数据"3 个选项卡，这 3 个选项卡的作用分别如下。

● 取样器结果：可以查看请求的整体性能指标，例如发送请求的线程名称、请求开始时间、加载时间、延迟时间等。

● 请求：其下有两个子选项卡，分别是"Request Body"和"Request Headers"。"Request Body"为请求体，可以查看请求体信息；"Request Headers"为请求头，可以查看请求头信息。

● 响应数据：其下也有两个子选项卡，分别是"Response Body"和"Response Headers"。"Response Body"为响应体，可以查看响应体数据；"Response Headers"为响应头，可以查看响应头数据。

为了让读者对察看结果树有更深刻的认识，下面通过一个案例演示察看结果树的使用。在 5.4.1 小节案例的基础上添加两个察看结果树，第一个察看结果树从测试计划添加，第二个察看结果树从名称为"使用路径传递 GET 请求参数"的线程组添加。添加成功之后，发送请求并查看测试结果。

根据上述要求添加两个察看结果树，目录结构如图 5-30 所示。

添加成功之后执行测试，察看结果树-1 的界面如图 5-31 所示。

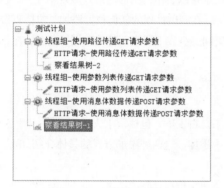

图5-30　添加察看结果树的目录结构

图5-31　察看结果树-1的界面

由图 5-31 可知，察看结果树-1 显示了 3 个请求的结果，查看名称为"HTTP 请求-使用消息体数据传递 POST 请求参数"的 HTTP 请求体，其请求数据为 wd=test。

察看结果树-2 的界面如图 5-32 所示。

图5-32　察看结果树-2的界面

由图 5-32 可知，察看结果树-2 只显示名称为"HTTP 请求-使用路径传递 GET 请求参数"的 HTTP 请求结果，该请求结果的响应状态为 OK，说明请求发送成功。

多学一招：解决察看结果树中的乱码问题

在察看结果树中有时会出现乱码问题，如图 5-33 所示。

图5-33　察看结果树中的乱码

这是因为 JMeter 在解析响应数据时，使用的编码不能很好地支持中文。解决察看结果树中的乱码问题需要修改 JMeter 配置文件。编辑 jmeter.properties，将 sampleresult.default.encoding 的值修改为 UTF-8，并取消注释，修改之后的设置如下。

```
sampleresult.default.encoding=UTF-8
```

修改后，重启 JMeter，便可以解决察看结果树中的乱码问题。

2. 聚合报告

聚合报告用于测试结束后，收集系统各项性能指标，例如响应时间、并发用户数、吞吐量等。添加聚合报告的方式与添加察看结果树的方式相似，首先选中 JMeter 主界面的测试计划或线程组并右键单击，在弹出的快捷菜单中依次选择"添加"→"监听器"→"聚合报告"，会添加一个聚合报告界面，如图 5-34 所示。

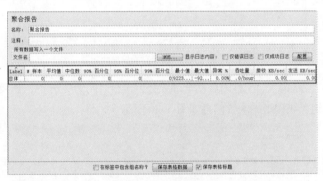

图5-34　聚合报告界面

下面结合图 5-34 介绍聚合报告中的各项指标。

- Label：请求的类型，例如 HTTP 请求、FTP 请求、Java 请求等。
- 样本：发送到服务器的请求数量。
- 平均值：请求的平均响应时间，单位是毫秒。
- 中位数：是一个时间值，单位是毫秒。有 50%的请求响应时间低于该值，有 50%的请求响应时间高于该值。例如，中位数为 10，表示有 50%的请求在 10 毫秒内响应，有 50%的请求的响应时间超过 10 毫秒。
- 90%百分位：90%的请求的响应时间少于该时间，单位是毫秒。
- 95%百分位：95%的请求的响应时间少于该时间，单位是毫秒。
- 99%百分位：99%的请求的响应时间少于该时间，单位是毫秒。
- 最小值：请求响应的最小时间，单位是毫秒。
- 最大值：请求响应的最大时间，单位是毫秒。

- 异常%：请求的错误率。
- 吞吐量：服务器单位时间内处理的请求数量。默认情况下是每秒处理的请求数量，通常认为吞吐量就是 TPS。
- 接收 KB/sec：每秒从服务器接收到的数据量。
- 发送 KB/sec：每秒发送的数据量。

在上述性能指标中，平均值是一个比较常用的指标，但是 90%百分位对测试而言更有参考价值，它说明 90%的用户都能在这个时间内得到响应。95%百分位、99%百分位更精确，对测试结果的说明也更准确。

为了加深读者对聚合报告的理解，下面通过一个案例演示聚合报告的使用。

本案例要求使用 JMeter 发送一个 GET 请求，请求地址为 https://www.itcast.cn，模拟 50 个用户发送请求，在 5 秒内启动全部线程，运行时间为 1 分钟，查看并分析请求响应时间、吞吐量、错误率等性能指标。

分析上述要求，使用 JMeter 发送一个 HTTP 请求，HTTP 请求界面信息的配置如图 5-35 所示。

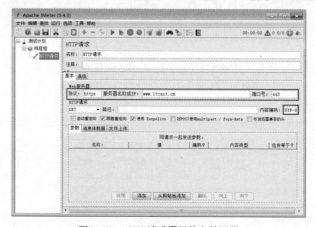

图5-35　HTTP请求界面信息的配置

为了模拟 50 个用户发送请求，5 秒内启动全部线程，运行时间为 1 分钟，需要配置线程组。首先在测试计划中创建一个线程组，线程组的配置信息如图 5-36 所示。

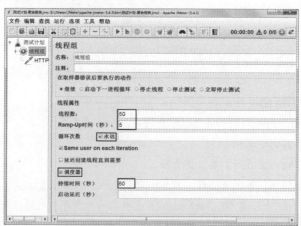

图5-36　线程组的配置信息

在图 5-36 所示的界面中，配置好 HTTP 请求和线程组之后，选中 JMeter 主界面的"线程组"并右键单击，在弹出的快捷菜单中依次选择"添加"→"监听器"→"聚合报告"，会添加一个聚合报告，添加成功后执行测试。当测试结束后，聚合报告结果如图 5-37 所示。

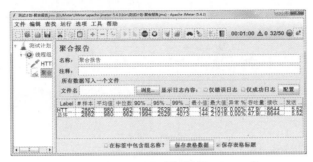

图5-37 聚合报告结果

由图 5-37 可知，本次测试中，请求的响应时间平均值为 980 毫秒，90%的用户能够在 1994 毫秒内得到响应，服务器每秒处理 47.9 个请求。在实际测试工作中，测试人员可以通过分析聚合报告结果，评估系统性能是否满足测试要求。

5.4.3 配置元件

性能测试中为了模拟大量用户操作，往往需要进行参数化，JMeter 中的参数化可以通过配置元件完成。配置元件可以配置测试计划的一些公用信息（参数），其配置会影响作用域内的所有元件。配置元件常用的参数化工具有用户定义的变量、HTTP 信息头管理器、HTTP 请求默认值、CSV 数据文件设置和计数器，下面将对这 5 个配置元件进行讲解。

1. 用户定义的变量

用户定义的变量可以被其作用域范围内的所有元件引用。如果在测试计划中需要使用用户定义的变量，则可以选中 JMeter 主界面的测试计划并右键单击，在弹出的快捷菜单中依次选择"添加"→"配置元件"→"用户定义的变量"，会添加一个用户定义的变量界面，如图 5-38 所示。

图5-38 用户定义的变量界面

在图 5-38 所示的界面中，单击下方的"添加"按钮可以添加一个输入栏，用于输入相应的变量名和值。当定义好变量之后，其他元件就可以引用变量实现参数化。其他元件引用变量的格式如下。

${变量名}

为了让读者更好地掌握如何使用用户定义的变量，下面通过一个案例演示用户定义的变量的使用。

本案例要求使用 JMeter 发送一个 GET 请求，请求地址为 https://www.baidu.com:443，通过用户定义的变量定义变量 protocol（协议）、domain（域名）和 port（端口），使用这 3 个变量实现请求的参数化。

下面在线程组中添加用户定义的变量，并定义 protocol、domain、port 这 3 个变量。首先在 JMeter 主界面添加一个线程组，然后选中该线程组并右键单击，在弹出的快捷菜单中依次选择"添加"→"配置元件"→"用户定义的变量"，会添加一个用户定义的变量界面，在该界面定义变量 protocol、domain 和 port，如图 5-39 所示。

图5-39　定义变量protocol、domain和port

在图 5-39 所示的界面中，定义好变量之后，在线程组中添加一个 HTTP 请求界面，在该界面引用用户定义的变量 protocol、domain 和 port，如图 5-40 所示。

图5-40　引用变量protocol、domain和port

在图 5-40 所示的界面中，HTTP 请求的协议、服务器名称或 IP 地址、端口号不再写成固定值，而通过引用变量配置各项参数。引用完变量后，在线程组中添加一个察看结果树界面，接着单击工具栏中的启动按钮 " ▶ "，执行测试，测试结果如图 5-41 所示。

![图5-41测试结果界面]

图5-41　测试结果

由图 5-41 可知，"Request Body"（请求体）下方显示的请求地址与案例要求中的地址一致，说明 HTTP 请求成功。

2. HTTP 信息头管理器

HTTP 信息头管理器用于配置 HTTP 请求头信息，例如请求体的 MIME（Multipurpose Internet Mail Extensions，多用途互联网邮件扩展）类型 Content-Type、浏览器可接受的响应内容类型 Accept 等。

HTTP 请求头字段都可以在 HTTP 信息头管理器中设置，如果想要在测试计划中添加 HTTP 信息头管理器，则可以选中 JMeter 主界面的测试计划并右键单击, 在弹出的快捷菜单中依次选择 "添加" → "配置元件" → "HTTP 信息头管理器", 会添加一个 HTTP 信息头管理器界面, 如图 5-42 所示。

图5-42　HTTP信息头管理器界面

在图 5-42 所示的界面中, 单击下方的 "添加" 按钮可以增加一行输入栏, 可将 HTTP 请求头字段及其值填写在输入栏中。HTTP 信息头管理器的使用比较简单, 下面通过一个案例演示 HTTP 信息头管理器的使用。

本案例要求使用 JMeter 发送一个 GET 请求, 请求地址为 https://www.baidu.com, 在 HTTP 请求头中进行如下配置。

```
Content-Type:application/json;charset=utf-8
Accept:text/plain
```

下面在 JMeter 中构建测试目录, 首先选中 JMeter 主界面的线程组并右键单击, 在弹出的快捷菜单中依次选择 "添加" → "配置元件" → "HTTP 信息头管理器", 会添加一个 HTTP 信息头管理器界面, 然后在该界面对 HTTP 信息头进行配置, 如图 5-43 所示。

图5-43　HTTP信息头的配置

当 HTTP 信息头管理器配置完成后, 在线程组中添加一个 HTTP 请求, 按照案例要求配置 HTTP 请求, 如图 5-44 所示。

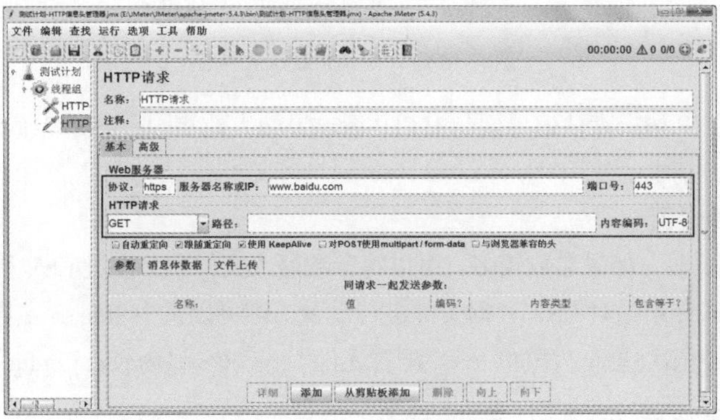

图5-44　HTTP请求配置界面

配置完 HTTP 请求信息后，执行测试计划，察看结果树中的请求头数据如图 5-45 所示。

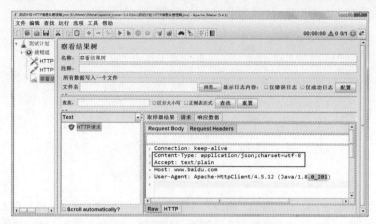

图5-45　察看结果树中的请求头数据

由图 5-45 可知，HTTP 请求发送成功，请求头的数据与图 5-43 中配置的请求头数据相同，说明通过 HTTP 信息头管理器可以设置请求头数据。

3. HTTP 请求默认值

如果一组请求的服务器名称、端口、请求方式都相同，则可以添加 HTTP 请求默认值，将请求的服务器名称、端口、请求方式配置在 HTTP 请求默认值中进行统一管理。如果想要在测试计划中添加 HTTP 请求默认值，则可以选中 JMeter 主界面的测试计划并右键单击，在弹出的快捷菜单中依次选择"添加"→"配置元件"→"HTTP 请求默认值"，会添加一个 HTTP 请求默认值界面，如图 5-46 所示。

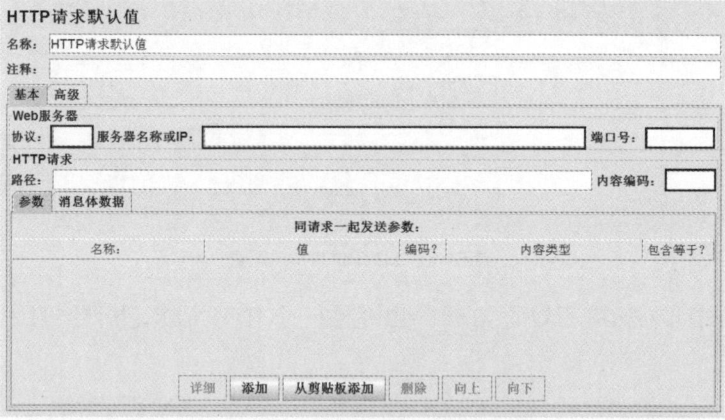

图5-46　HTTP请求默认值界面

由图 5-46 可知，HTTP 请求默认值界面与 HTTP 请求界面大致相同，它可以统一管理 HTTP 请求的共同信息，从而可以大幅提升请求的复用性。

4. CSV 数据文件设置

使用 JMeter 进行测试时，如果参数较多，可以将参数写入文件中，设置 CSV 数据文件可以从文件中读取参数。如果想要在测试计划中对 CSV 数据文件进行设置，则可以选中 JMeter 主界面的测试计划并右键单击，在弹出的快捷菜单中依次选择"添加"→"配置元件"→"CSV Data Set Config"，会添加一个 CSV 数据文件设置界面，如图 5-47 所示。

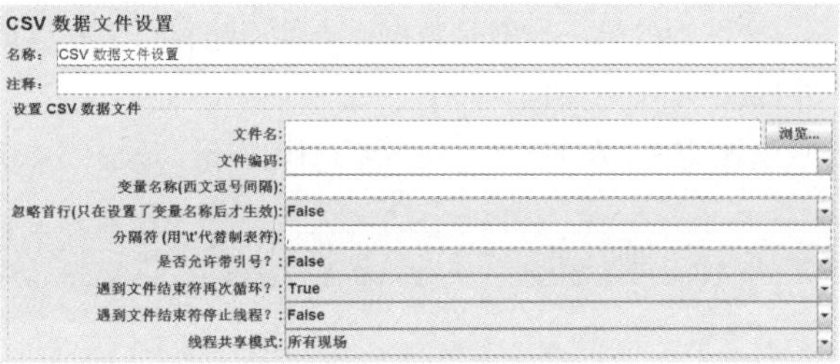

图5-47　CSV数据文件设置界面

下面结合图 5-47 介绍 CSV 数据文件设置的主要配置项。

- 文件名：数据文件名，包括路径。
- 文件编码：文件的编码格式，通常是 UTF-8。
- 变量名称（英文逗号间隔）：数据文件中每列参数对应的变量名，多个变量名之间使用英文逗号","隔开。
- 忽略首行（只在设置了变量名称后才生效）：是否从第一行开始读取。
- 分隔符（用'\t'代替制表符）：数据文件中的参数数据之间使用什么分隔符，此处就填写什么分隔符。
- 是否允许带引号？：如果选择"True"，数据文件中有引号，则变量引用后也带引号；如果选择"False"，无论数据文件中是否有引号，变量引用后都不带引号。
- 遇到文件结束符再次循环？：文件结束后是否从头开始读取数据，通常保持默认选择的 True。
- 遇到文件结束符停止线程？：文件结束后是否停止线程，通常保持默认选择的 False。
- 线程共享模式：读取的参数作用范围，通常选择"所有现场"，表示作用于全局。

为了让读者更好地掌握 CSV 数据文件设置，下面通过一个案例演示 CSV 数据文件设置的使用。

本案例要求使用 JMeter 发送一个 POST 请求，请求地址为 http://www.baidu.com。要求循环请求 3 次，每次携带 username、password、code 这 3 个参数，每次的参数值都不相同。

分析上述要求，循环发送 3 次请求，每次携带的 3 个参数的值都不相同，可以将 3 个参数数据写入 CSV 数据文件，通过添加 CSV 数据文件设置读取 CSV 数据文件实现参数化。

首先准备 CSV 数据文件，命名为 data.csv，文件内容如图 5-48 所示。

准备好数据文件之后，按"Ctrl+S"组合键保存。然后在 JMeter 中添加一个线程组，并在线程组中将循环次数设置为 3，当设置完成后，在该线程组中添加一个 CSV 数据文件设置界面，该界面配置完信息后的效果如图 5-49 所示。

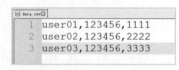

图5-48　data.csv文件内容

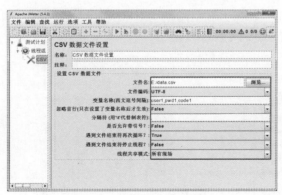

图5-49　CSV数据文件设置界面

由图 5-48 可知，data.csv 文件中的第一行就是数据，不能忽略首行。在读取文件时，设置了 3 个变量 user1、pwd1、code1 用于携带 data.csv 中的数据。

此外，将线程组循环次数设置为 3，在 HTTP 请求界面引用变量，如图 5-50 所示。

图5-50　在HTTP请求界面引用变量

配置完成之后执行测试，测试结果如图 5-51 所示。

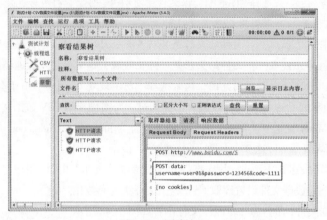

图5-51　测试结果

由图 5-51 可知，JMeter 一共发送了 3 次请求，在请求的请求体中携带了 username、password、code 这 3 个参数。

5. 计数器

使用 JMeter 进行测试时，当需要引用大量的测试数据并要求测试数据能够自增且不能重复时，可以使用计数器来实现。计数器设置界面如图 5-52 所示。

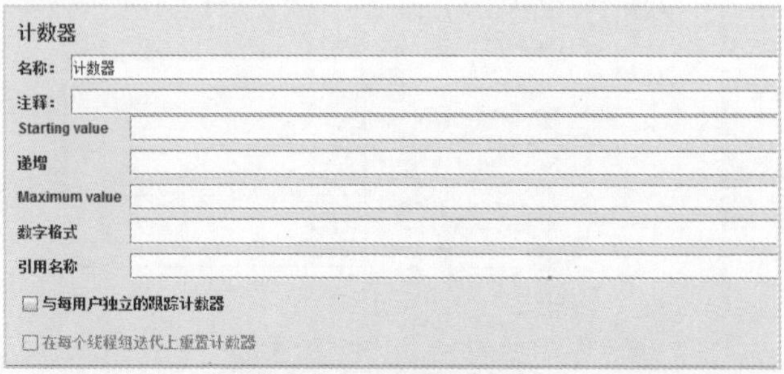

图5-52　计数器设置界面

下面结合图 5-52 介绍计数器设置界面的主要配置项。

- Starting value：计数器的起始值。
- 递增：计数器递增的值。
- Maximum value：计数器的最大值。
- 数字格式：可选格式，例如设置为 000，格式化后为 001、002。
- 引用名称：用于设置变量名，引用的方式为$\{变量名\}$。
- 与每用户独立的跟踪计数器：每个线程都有自己的计数器。如果勾选该复选框，则用户 1 获取的值为 1，用户 2 获取的值为 2。如果不勾选该复选框，就表示全局计数器，则用户 1 获取的值为 1，用户 2 获取的值也是 1。
- 在每个线程组迭代上重置计数器：可选项，当勾选"与每用户独立的跟踪计数器"复选框时才可以使用。如果勾选了该复选框，则每次线程组迭代都会重置计数器的值。

为了让读者更好地掌握计数器的设置，下面通过一个案例演示计数器的使用。

本案例要求使用 JMeter 发送一个 POST 请求，请求地址为 http://www.baidu.com。要求发送请求时携带参数 id，并循环请求 6 次，每次请求的递增值为 1，其中最大值为 5，数字格式为 000。

分析上述要求可知，通过添加计数器可以实现每次请求的递增值为 1。首先在 JMeter 中添加线程组，在线程组设置界面将循环次数设置为 6，然后选中线程组并右键单击，在弹出的快捷菜单中依次选择"添加"→"配置元件"→"计数器"，计数器界面如图 5-53 所示。

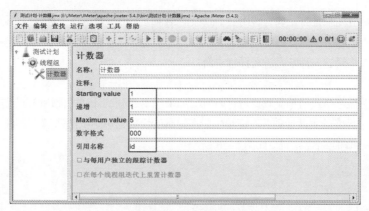

图5-53　计数器界面

当添加完计数器后，在线程组中添加一个 HTTP 请求，按照案例要求在 HTTP 请求界面中设置请求的参数，HTTP 请求界面如图 5-54 所示。

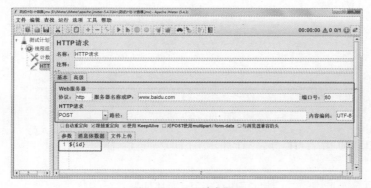

图5-54　HTTP请求界面

当设置完请求参数后，在线程组中添加一个察看结果树，保存之后执行测试，测试结果如图 5-55 所示。

图5-55　测试结果

由图 5-55 可知，JMeter 共发送了 6 次请求，当查看第 1~5 个请求时，可以发现请求的参数值逐个递增，即在图 5-55 所示界面的"POST data:"下方分别显示 001、002、003、004、005。由于计数器设置了最大值为 5，所以第 6 个请求的参数值不再递增。

5.4.4　断言

断言用于验证响应结果是否正确，即用一个预设的结果（如值、表达式、时间长短等）与实际结果进行匹配，匹配成功就表示断言成功，匹配失败就表示断言失败。JMeter 常用的断言有响应断言、JSON 断言、断言持续时间，下面将对这 3 种断言进行详细讲解。

1. 响应断言

响应断言可以对任意格式的响应数据进行断言。如果想要在测试计划中使用响应断言的方式进行断言，则可以选中 JMeter 主界面的测试计划并右键单击，在弹出的快捷菜单中依次选择"添加"→"断言"→"响应断言"，会添加一个响应断言界面，如图 5-56 所示。

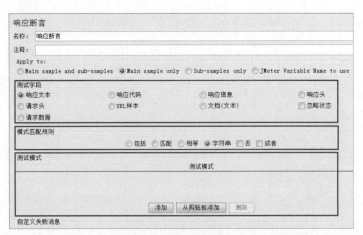

图5-56　响应断言界面

由图 5-56 可知，响应断言可以分为 3 个部分，下面分别进行讲解。

（1）测试字段

测试字段用于配置要断言的项。测试字段有多个，具体如下。

- 响应文本：响应主体。
- 响应代码：响应的状态码，例如 200。
- 响应信息：响应的状态信息，例如 OK。
- 响应头：响应的头部信息。
- 请求头：请求的头部信息。
- URL 样本：请求的 URL。
- 文档（文本）：响应的整个文档。
- 忽略状态：忽略返回的响应状态码。
- 请求数据：请求内容。

（2）模式匹配规则

模式匹配规则是对断言内容进行匹配的方式。模式匹配规则主要有以下几种。

- 包括：返回结果包括指定的内容，支持正则匹配。
- 匹配：预期结果与实际结果相等，支持正则匹配。
- 相等：预期结果与实际结果相等，不支持正则匹配。
- 字符串：与包括类似，但不支持正则匹配。
- 否：取反。如果断言结果为 true，那么在选择"否"之后，最终断言结果为 false。如果断言结果为 false，那么在选择"否"之后，最终结果为 true。
- 或者：如果测试模式有多个，只要其中一个测试模式匹配，断言就会成功；如果没有选择"或者"，则多个测试模式必须都匹配成功，断言才会成功。

（3）测试模式

测试模式即填写的预期结果。单击下方的"添加"按钮，可以添加测试模式；单击"删除"按钮，可以删除测试模式。测试模式可以添加多个。

为了让读者更好地掌握响应断言，下面通过一个案例演示响应断言的使用。

本案例要求使用 JMeter 发送一个 GET 请求，请求地址为 http://www.baidu.com，检查响应数据中是否包含"百度一下，你就知道"字符串。

分析上述要求，对响应数据进行检查，可以使用断言。检查响应数据中是否包含"百度一下，你就知道"，在测试模式中填写"百度一下，你就知道"，测试字段选择"响应文本"，模式匹配规则选择"字符串"。

下面在 JMeter 中构建测试目录树，选中 JMeter 主界面的"HTTP 请求"并右键单击，在弹出的快捷菜单中依次选择"添加"→"断言"→"响应断言"，响应断言配置界面如图 5-57 所示。

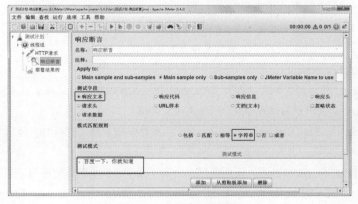

图5-57　响应断言配置界面

HTTP 请求配置比较简单，这里不再展示 HTTP 请求配置界面。配置完成之后，执行测试，会发现测试成功。若测试成功，察看结果树不会显示断言信息。如果想要查看断言信息，可以修改测试模式的内容，例如，将"百度一下，你就知道"中的逗号改为英文状态下的逗号，再次执行测试，则会断言失败，断言失败界面如图 5-58 所示。

图5-58　断言失败界面

由图 5-58 可知，断言失败，提示返回结果中不包含期望的"百度一下，你就知道"（英文逗号）。

2. JSON 断言

JSON 断言用于对 JSON 格式的响应结果进行断言。如果想要在测试计划中添加 JSON 断言，则可以选中 JMeter 主界面的测试计划并右键单击，在弹出的快捷菜单中依次选择"添加"→"断言"→"JSON 断言"，会添加一个 JSON 断言界面，如图 5-59 所示。

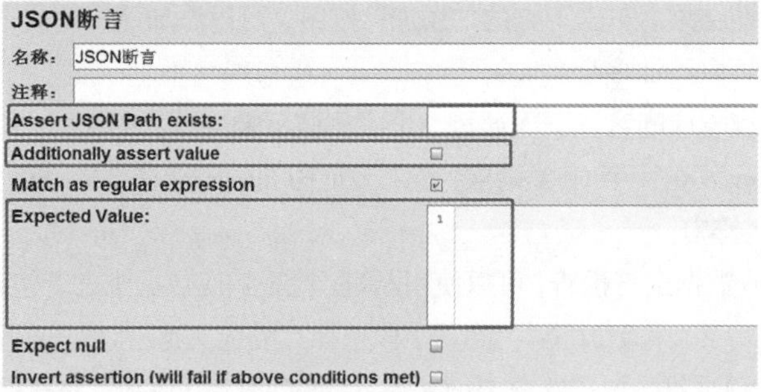

图5-59　JSON断言界面

下面结合图 5-59 对 JSON 断言的主要配置项进行介绍。

- Assert JSON Path exists：用于配置要断言的 JSON 元素的路径。
- Additionally assert value：是否要使用指定的值生成断言。
- Match as regular expression：使用正则表达式断言。
- Expected Value：期望值。如果勾选了"Additionally assert value"复选框，就在这里填写期望值。
- Expected null：如果期望的值为 null，就勾选该复选框。
- Invert assertion（will fail if above conditions met）：反转断言。断言成功时，如果勾选该复选框，则断言失败。

为了让读者更好地掌握 JSON 断言，下面通过一个案例演示 JSON 断言的使用。本案例要求使用 JMeter 发送一个 GET 请求，请求地址为 http://www.weather.com.cn/data/sk/101010100.html，检查响应的 JSON 数据中 city 对应的内容是否为"北京"。

分析上述要求，检查响应的 JSON 数据，需要添加 JSON 断言。首先在测试计划中添加一个线程组，在线程组中添加一个 HTTP 请求，HTTP 请求配置界面如图 5-60 所示。

图5-60　HTTP请求配置界面

在图 5-60 所示界面中，右键单击"HTTP 请求"，在弹出的快捷菜单中依次选择"添加"→"断言"→"JSON 断言"，会添加一个 JSON 断言配置界面，在该界面配置 JSON 断言，如图 5-61 所示。

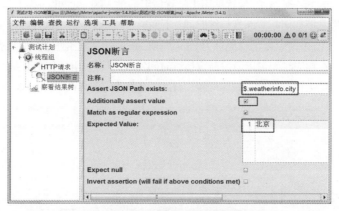

图5-61　JSON断言配置界面

在图 5-61 所示界面中，JSON 元素路径可以根据服务器返回的结果获取，断言的期望值为"北京"，在填写期望值之前，必须要勾选"Additionally assert value"复选框。配置完成之后，执行测试，测试结果如图 5-62 所示。

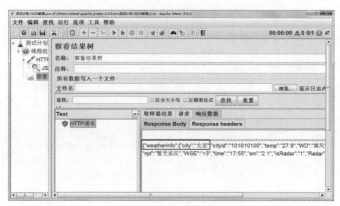

图5-62　测试结果

由图 5–62 可知，响应数据中包含"北京"，JSON 断言成功。

3. 断言持续时间

断言持续时间主要用于断言请求的响应时间是否满足要求。如果在测试计划中需要添加断言持续时间，则可以选中 JMeter 主界面的测试计划并右键单击，在弹出的快捷菜单中依次选择"添加"→"断言"→"断言持续时间"，会添加一个断言持续时间界面，如图 5–63 所示。

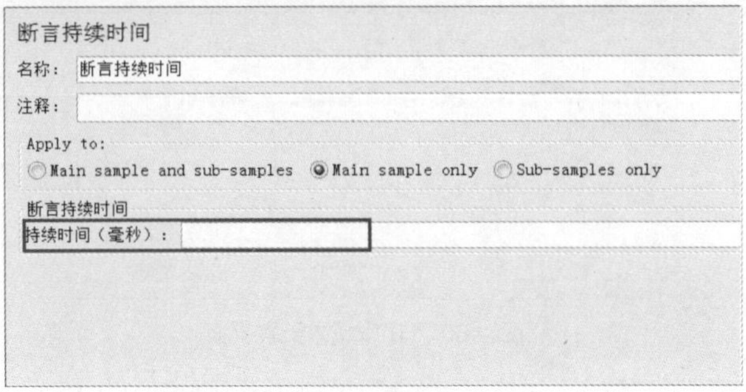

图5-63　断言持续时间界面

图 5–63 中，"持续时间（毫秒）"配置项用于配置请求的最大响应时间，超过该时间，断言失败。

为了让读者更好地掌握如何配置断言持续时间，下面通过一个案例演示断言持续时间的使用。本案例要求使用 JMeter 发送一个 GET 请求，请求地址为 https://www.jd.com，检查响应时间是否超过 100 毫秒。

分析上述要求，检查响应时间可以通过断言持续时间实现。构建测试计划目录树，添加 HTTP 请求、添加断言持续时间和察看结果树，并进行相应配置，HTTP 请求的配置界面如图 5–64 所示。

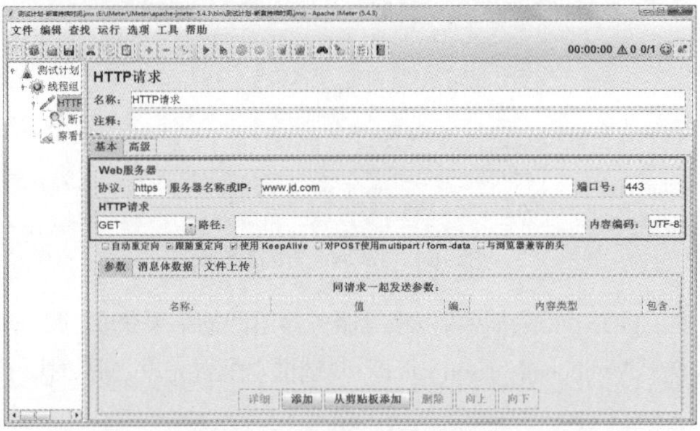

图5-64　HTTP请求的配置界面

断言持续时间配置界面如图 5–65 所示。

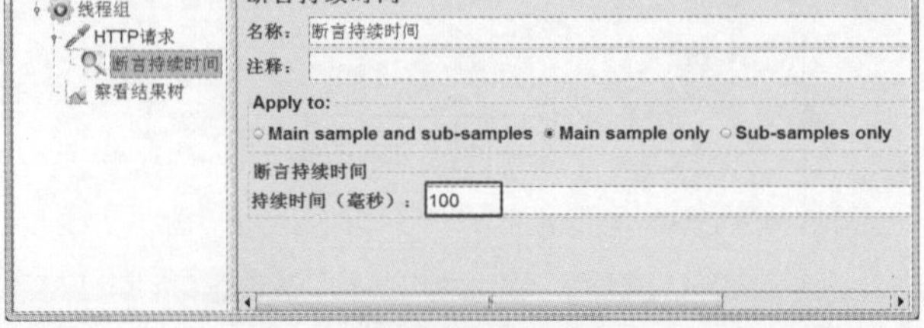

图5-65　断言持续时间配置界面

配置完成后执行测试，测试结果如图 5-66 所示。

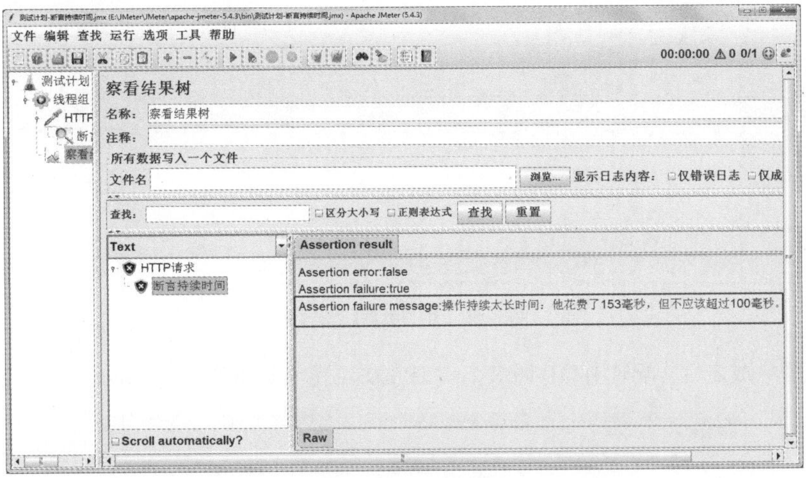

图5-66　测试结果

由图 5-66 可知，本次请求断言失败，失败原因是请求响应时间为 153 毫秒，超过了 100 毫秒。

5.4.5　前置处理器

前置处理器用于在请求发送之前对请求进行一些特殊的处理，例如参数化、加密请求和替换请求字段等。较为常用的前置处理器是用户参数，用户参数可以保证不同的用户访问时，获取不同的参数值。下面以用户参数为例，讲解前置处理器的使用。首先选中 JMeter 主界面的测试计划并右键单击，在弹出的快捷菜单中依次选择"添加"→"前置处理器"→"用户参数"，会添加一个用户参数界面，如图 5-67 所示。

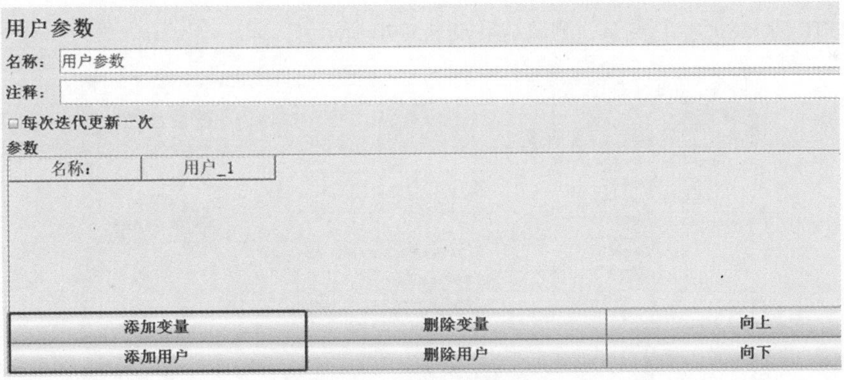

图5-67　用户参数界面

在图 5-67 所示界面中，单击下方的"添加变量"按钮可以增加输入栏，在输入栏中可以配置用户发送请求时需要的参数；单击下方的"添加用户"按钮可以增加用户。在请求中引用用户参数界面配置的变量，也可以实现用户数据参数化。下面通过一个案例演示用户参数的使用。

本案例要求使用 JMeter 发送一个 GET 请求，请求地址为 https://www.baidu.com/S，第一个用户携带的参数为 name=张三&age=28，第二个用户携带的参数为 name=李四&age=30。

分析上述要求可知，需要两个用户发送请求，则线程组数量设置为 2。案例要求不同的用户携带的参数不同，可以通过添加配置用户参数实现。明确了案例要求后，下面在 JMeter 中构建测试计划目录树，添加线程组、用户参数、HTTP 请求、察看结果树，并进行相应配置。用户参数配置界面如图 5-68 所示。

图5-68　用户参数配置界面

用户参数配置完成之后，配置 HTTP 请求，HTTP 请求配置界面如图 5-69 所示。

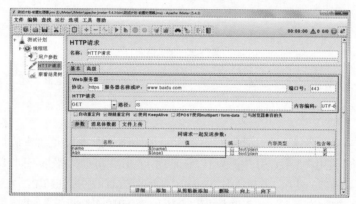

图5-69　HTTP请求配置界面

配置完 HTTP 请求之后执行测试，测试结果如图 5-70 所示。

图5-70　测试结果

由图 5-70 可知，本次测试发送了两次 HTTP 请求，且请求中成功携带了用户参数。

5.4.6　后置处理器

后置处理器用于对响应数据进行关联处理，所谓关联就是指请求之间有依赖关系，例如一个请求需要另一个请求的响应数据作为参数，则需要先获取另一个请求的响应数据，对其进行处理，再将响应数据作为参数来发送请求。获取一个请求的响应数据就需要用到后置处理器。

JMeter 中常用的后置处理器有正则表达式提取器、XPath 提取器、JSON 提取器，下面分别进行讲解。

1．正则表达式提取器

（1）正则表达式

正则表达式是一种文本模式，它可以使用普通字符和特殊字符（元字符）描述一个字符串规则，用于匹配一系列符合该规则的字符串。正则表达式通常用来检索、替换符合特定规则的字符串。例如，"a."中的元字符"."表示任意字符，则"a."可以匹配"aa""ab""ac""a1"等任何包含两个字符且第 1 个字符是 a 的字符串。

正则表达式的元字符有很多，常用的正则表达式元字符如表 5-1 所示。

表 5-1　常用的正则表达式元字符

元字符	含义
()	封装待返回的字符串
.	匹配除换行符以外的任意字符
+	匹配前面的字符串一次或多次
?	匹配前面的字符串 0 次、1 次，在找到第一个匹配项后停止
*	匹配前面出现的字符 0 次或多次
^	匹配字符串的开始位置
$	匹配字符串的结束位置
|	模式选择符，从中任选一个匹配

JMeter 中的正则表达式匹配格式如下。

左边界(正则表达式)右边界

在上述格式中，()中的内容是正则表达式，它所匹配的结果就是要获取的字符串。例如，请求百度首页，返回的数据片段如下。

```
<!doctype html><html><head><meta http-equiv="Content-Type" content="text/html; charset=gb2312"><title>百度一下，你就知道</title><style>html{overflow-y:auto}body{font: 12px arial;
```

如果要从上述片段中提取"百度一下，你就知道"，则在设置正则表达式时，需要先找出左、右边界。左边界为<title>，右边界为</title>，在()中设置正则表达式为".*"，完整正则表达式如下。

```
<title>(.*)</title>
```

通过上述正则表达式就可以匹配出字符串"百度一下，你就知道"。上述正则表达式能够匹配出所有的"百度一下，你就知道"，当它搜索到满足条件的字符串时，不会停止，会继续往后匹配，直到数据结束，这种匹配模式称为"贪婪"模式。

如果只想匹配一次，可以在".*"后面添加"?"，具体如下。

```
<title>(.*?)</title>
```

添加了"?"之后，正则表达式就只会匹配一次，一旦搜索到匹配的字符串就会结束搜索，这种匹配模式称为"懒惰"模式。

（2）配置正则表达式提取器

JMeter 中的正则表达式提取器是通过支持正则表达式匹配来提取任意格式的响应数据的元件。如果在测试计划中需要配置正则表达式提取器，则可以选中 JMeter 主界面的测试计划并右键单击，在弹出的快捷菜单中依次选择"添加"→"后置处理器"→"正则表达式提取器"，会添加一个正则表达式提取器界面，如图 5-71 所示。

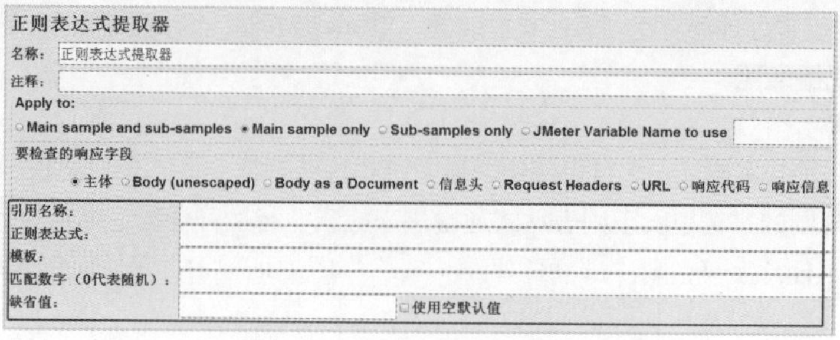

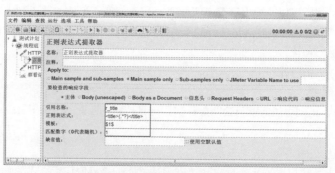

图5-71 正则表达式提取器界面

由图 5-71 可知，正则表达式提取器的主要配置项有以下 5 个。

- 引用名称：用于存储正则表达式提取出的值，以供其他请求引用，引用方式为${引用名称}。
- 正则表达式：为提取数据设置的正则表达式。
- 模板：用于设置使用提取到的第几个值。如果正则表达式有多个( )，就可以提取出多组值，这里可以指定要使用的数据，格式为n，例如1表示使用第 1 组数据；2、3表示使用第 2、3 组数据。如果 n 的值为 0（0），表示使用全部数据。
- 匹配数字（0代表随机）：表示取一组数据中的第几个值。0 表示随机取值，−1 表示取全部值，其他正整数 n 表示取第 n 个值。
- 缺省值：默认值，如果引用名称没有取到值，就使用该默认值。

为了让读者对正则表达式提取器有更深刻的理解，下面通过一个案例演示正则表达式提取器的使用。本案例要求使用 JMeter 发送两个请求，具体如下。

- 请求一：请求地址为 https://www.itcast.cn，获取网页的<title>标签的值。
- 请求二：请求地址为 https://www.baidu.com/S，把请求一的<title>标签的值作为请求参数。

分析上述要求可知，两个请求具有关联关系，可以使用正则表达式提取器提取请求一中的数据，再将其作为请求二的参数。构建测试计划目录树，如图 5-72 所示。

图5-72 测试计划目录树

测试计划目录树构建完成之后，进行相应配置，其中正则表达式提取器配置界面如图 5-73 所示。

图5-73 正则表达式提取器配置界面

在图 5-73 所示的界面中，正则表达式设置为<title>(.*?)</title>，表示只取一次匹配数据，1表示取其中第 1 组数据，匹配数字表示取第 1 组数据中的第 1 个值。

正则表达式的引用名称 r_title 在 HTTP 请求–百度的请求界面中被引用，HTTP 请求–百度的配置界面如

图 5-74 所示。

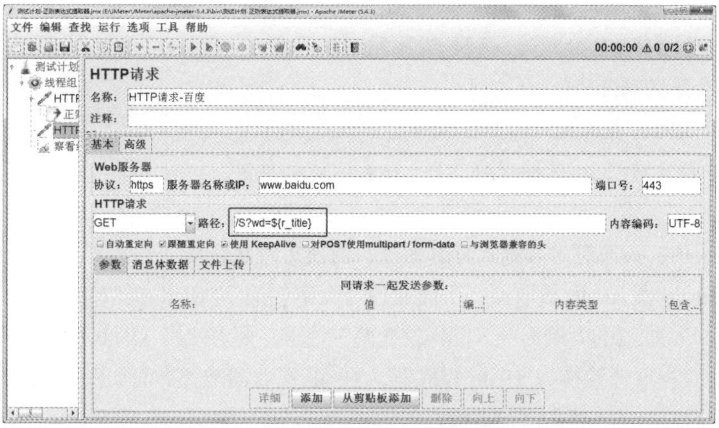

图5-74　HTTP请求-百度的配置界面

在图 5-74 所示的界面中，引用变量可以在路径中引用，也可以在参数列表中引用。配置完成之后，执行测试，测试结果如图 5-75 所示。

图5-75　测试结果

由图 5-75 可知，请求一和请求二发送成功，并且请求二成功把请求一获取到的<title>标签的值作为请求参数。

2. XPath 提取器

XPath 提取器用于提取 HTML 格式的响应数据，它通过 HTML 文档中的标签来提取数据。如果在测试计划中需要使用 XPath 提取器，则可以选中 JMeter 主界面的测试计划并右键单击，在弹出的快捷菜单中依次选择"添加"→"后置处理器"→"XPath 提取器"，会添加一个 XPath 提取器界面，如图 5-76 所示。

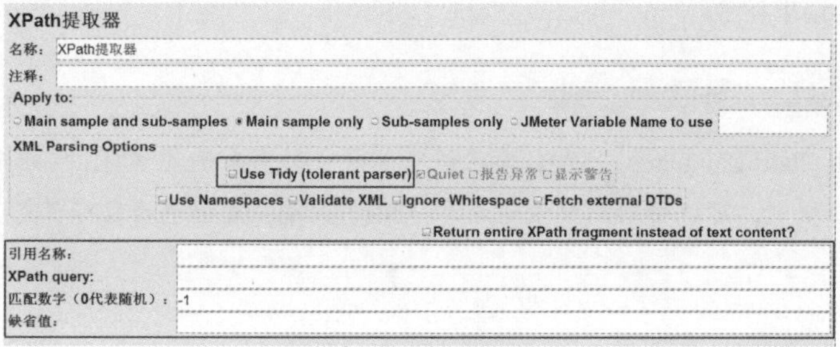

图5-76　XPath提取器界面

下面结合图 5-76 介绍 XPath 提取器的常用配置项。

- Use Tidy（tolerant parser）：如果需要处理的页面是 HTML 格式的，则必须勾选该复选框；如果需要处理的页面是 XML 或 XHTML 格式的，则取消该复选框的勾选。
- 引用名称：*存储提取出的值。*
- XPath query：*XPath 表达式，即要提取哪些节点元素。*
- 匹配数字（0 代表随机）：*选择提取结果。0 表示随机取值，-1 表示取全部值，其他正整数 n 表示取第 n 个值。*
- 缺省值：*默认值，如果引用名称没有取到值，则使用该默认值。*

为了让读者更好地掌握 XPath 提取器，下面通过一个案例演示 XPath 提取器的使用。

以前面正则表达式提取器的案例为例，同样发送两个请求，要求使用 XPath 提取器提取请求一中的<title>标签值。将正则表达式提取器替换为 XPath 提取器，XPath 提取器配置界面如图 5-77 所示。

图5-77　XPath提取器配置界面

配置完 XPath 提取器之后，执行测试，测试结果如图 5-78 所示。

图5-78　测试结果

由图 5-78 可知，当使用 XPath 提取器时，请求一和请求二发送成功，并且请求二也能够成功把请求一的<title>标签的值作为请求参数。

多学一招：XPath 语法

XPath 语言（XML Path Language，XML 路径语言）是一种用来确定 XML 文档中某部分位置的语言。XPath 提供了一套语法规则，可以帮助用户快速选取 XML/HTML 文档中的目标节点。XPath 选取节点的方式主要有以下 2 种。

（1）选取节点

选取节点是最基础的操作，节点所在的路径既可以是从根节点开始的，也可以是从任意位置开始的。选取节点的方法如表 5-2 所示。

表 5-2　选取节点的方法

表达式	说明
节点名称	选取此节点的所有子节点
/	从根节点选取直接子节点，相当于绝对路径
//	从当前节点选取子孙节点，相当于相对路径
.	选取当前节点
..	选取当前节点的父节点
@	选取属性节点

下面以一个 XML 文档 bookstore.xml 为例演示如何使用表 5-2 中的表达式选取 XML 文档中的节点。bookstore.xml 的具体内容如下。

```
<?xml version="1.0" encoding="ISO-8859-1"?>
<bookstore>
    <book>
        <title lang="eng">Harry Potter</title>
        <price>29.99</price>
    </book>
    <book>
        <title lang="eng">Learning XML</title>
        <price>39.95</price>
    </book>
</bookstore>
```

选取节点的示例代码如下。

```
bookstore          # 选取 bookstore 的所有子节点
/bookstore         # 选取根节点 bookstore
bookstore/book     # 从根节点 bookstore 开始，向下选取名为 book 的所有子节点
//book             # 从任意节点开始，选取名为 book 的所有子节点
bookstore//book    # 从 bookstore 的后代节点中，选取名为 book 的所有子节点
//@lang            # 选取所有名为 lang 的属性节点
```

（2）谓语

谓语是选取节点时的附加条件，主要用于对节点集进行筛选，选取出某个特定的节点，或者包含指定属性或基本值的节点。谓语会嵌入中括号中，并位于要补充说明的节点后面。带谓语的路径表达式的基本格式如下。

节点[谓语]

在上述格式中，中括号中的谓语可以是整数、属性、函数，也可以是整数、属性、函数与运算符组合的表达式。若为整数（从 1 开始），则这个数值将作为位置，用于从节点集中选取与该位置对应的节点；若为属性，则会从节点集中选取包含该属性的节点；若为函数，则会将该函数的返回值作为条件，从节点集中选取满足条件的节点。

常用的 XPath 函数如表 5-3 所示。

表 5-3　常用的 XPath 函数

函数	说明
position( )	返回当前被处理的节点的位置
last( )	返回当前节点集中的最后一个节点

续表

函数	说明
count( )	返回节点的总数目
max((arg,arg,...))	返回大于其他参数的参数
min((arg,arg,...))	返回小于其他参数的参数
name( )	返回当前节点的名称
current-date( )	返回当前的日期（带有时区）
current-time( )	返回当前的时间（带有时区）
contains(string1,string2)	若 string1 包含 string2，则返回 true，否则返回 false

下面以 bookstore.xml 为例演示带谓语的路径表达式的用法，具体代码如下。

```
/bookstore/book[1]               # 选取属于 bookstore 子节点的第 1 个 book 节点
/bookstore/book[last()]          # 选取属于 bookstore 子节点的最后一个 book 节点
/bookstore/book[last()-1]        # 选取属于 bookstore 子节点的倒数第 2 个 book 节点
/bookstore/book[position()<3]    # 选取属于 bookstore 子节点的前 2 个 book 节点
//title[@lang]                   # 选取所有的属性名称为 lang 的 title 节点
//title[@lang= 'eng']            # 选取所有的属性名称为 lang 且属性值为 eng 的 title 节点
# 选取子节点 price 的值大于 35.00，且父节点为 bookstore 的所有 book 节点
/bookstore/book[price>35.00]
# 选取属于 book 的所有子节点 title，且节点 book 的子节点 price 的值必须大于 35.00
/bookstore/book[price>35.00]/title
```

3. JSON 提取器

JSON 提取器用于提取 JSON 格式的响应数据，如果在测试计划中需要使用 JSON 提取器，则可以选中 JMeter 主界面的测试计划并右键单击，在弹出的快捷菜单中依次选择"添加"→"后置处理器"→"JSON 提取器"，会添加一个 JSON 提取器界面，如图 5-79 所示。

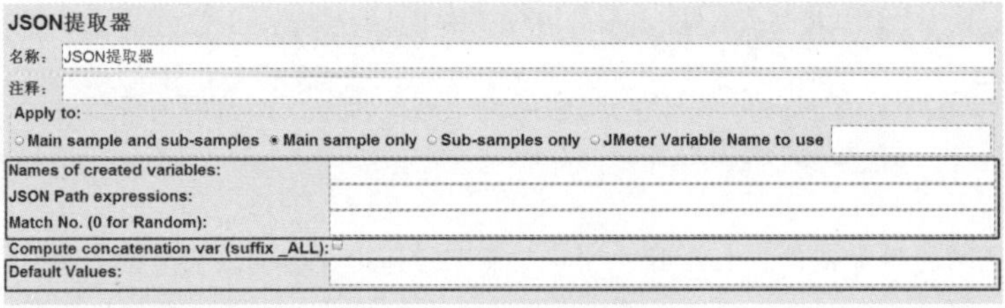

图5-79　JSON提取器界面

下面结合图 5-79 讲解 JSON 提取器的常用配置项。

- Names of created variables：引用名称，存储提取出的数据。
- JSON Path expressions：JSON 路径表达式，即提取路径。
- Match No. (0 for Random)：匹配数字，0 表示随机取值，–1 表示取全部值，其他正整数 n 表示取第 n 个值。
- Default Values：默认值，如果引用名称没有取到值，就使用该默认值。

为了让读者更好地掌握 JSON 提取器，下面通过一个案例演示 JSON 提取器的使用。本案例要求使用 JMeter 发送两个请求，具体如下。

- 请求一：请求地址为 http://www.weather.com.cn /data/sk/101010100.html，获取返回结果中的城市名称"北京"。

● 请求二：请求地址为 https://www.baidu.com/S?wd=北京，把请求一返回的城市名称"北京"作为请求参数。

分析上述案例要求，首先在 JMeter 中添加并配置第一个 HTTP 请求，请求一的 HTTP 请求界面如图 5-80 所示。

图5-80 请求一的HTTP请求界面

然后在 JMeter 中添加察看结果树并执行测试，请求一的测试结果如图 5-81 所示。

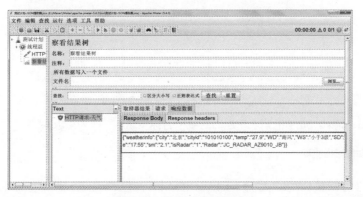

图5-81 请求一的测试结果

由图 5-81 可知，请求一中的天气服务器返回结果的格式为 JSON 格式，可以添加 JSON 提取器提取需要的数据。JSON 提取器的配置界面如图 5-82 所示。

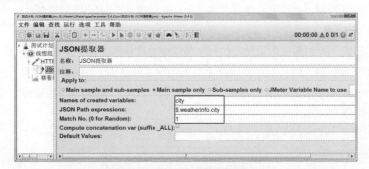

图5-82 JSON提取器的配置界面

JSON 提取器配置完成之后，在 JMeter 中添加第二个 HTTP 请求，并按照案例要求在请求二的 HTTP 请求界面中引用 city，请求二的 HTTP 请求界面如图 5-83 所示。

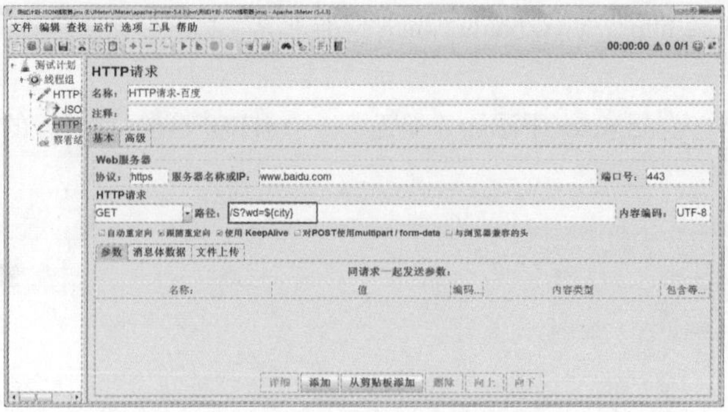

图5-83   请求二的HTTP请求界面

请求二的 HTTP 请求配置完成之后，执行测试，测试结果如图 5-84 所示。

图5-84   请求二的测试结果

由图 5-84 可知，请求二成功把请求一返回的城市名称"北京"作为请求参数。

5.4.7   逻辑控制器

逻辑控制器用于控制脚本的执行顺序。JMeter 中有 17 个逻辑控制器元件，它们可以分为两类，一类是控制测试计划节点发送请求的逻辑顺序控制器，包括如果（If）控制器、循环控制器等；另一类用来对测试计划中的脚本进行分组，方便 JMeter 统计执行结果以及进行脚本的运行时控制等，包括事务控制器、吞吐量控制器等。由于本章只是关于 JMeter 的入门学习，所以只讲解控制发送请求的逻辑顺序控制器。常用的逻辑顺序控制器有如果（If）控制器、循环控制器、ForEach 控制器，下面分别进行讲解。

1. 如果（If）控制器

如果（If）控制器用于控制测试请求是否执行（条件成立时执行，条件不成立时不执行）。如果在线程组中需要使用如果（If）控制器，则首先在 JMeter 主界面的测试计划中添加一个线程组，然后选中线程组并右键单击，在弹出的快捷菜单中依次选择"添加"→"逻辑控制器"→"如果（If）控制器"，会添加一个如果（If）控制器界面，如图 5-85 所示。

图5-85   如果（If）控制器界面（1）

在图 5-85 所示界面中，在"条件"配置项后面的输入框中填写条件表达式，条件表达式遵循 JavaScript 语法，例如"${city}"=="北京"。

除了按照 JavaScript 语法设置条件表达式外，还可以将条件解释为变量表达式。在图 5-85 所示界面中，勾选 "Interpret Condition as Variable Expression?" 复选框，表示将条件解释为变量表达式。勾选该复选框之后，如果（If）控制器界面会发生变化，如图 5-86 所示。

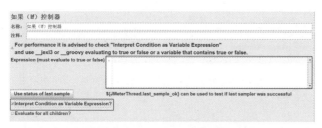

图5-86　如果（If）控制器界面（2）

在图 5-86 所示界面中，勾选了 "Interpret Condition as Variable Expression?" 复选框，输入框中的条件表达式不会再按照 JavaScript 语法进行解析，而是被视为 JMeter 的变量表达式。输入框中不能直接填写条件表达式，而是输入使用__jexl3()或者__groovy()函数生成的函数表达式。

由于将条件解释为变量表达式，不需要再按照 JavaScript 语法解释条件表达式，所以它具有更高的执行效率，在实际测试中的应用也更多。

为了让读者更好地掌握如果（If）控制器，下面通过一个案例演示如果（If）控制器的使用。本案例要求使用用户定义的变量定义一个变量 name，name 有两个可选值：baidu 和 itcast。如果 name 的值为 baidu，则请求 https://www.baidu.com；如果 name 的值为 itcast，则请求 https://www.itcast.cn。

分析上述要求，根据 name 的值判断发送哪个请求，需要使用如果（If）控制器实现。确定了核心元件之后，构建测试计划目录树，如图 5-87 所示。

在用户定义的变量界面中定义变量 name，假设初始值为 baidu。由于用户定义的变量、HTTP 请求配置都比较简单，所以本案例不再展示它们的配置。

图5-87　测试计划目录树

为了让读者掌握如果（If）控制器的两种配置方式，本案例分别以不同方式配置如果（If）控制器–百度和如果（If）控制器–itcast 两个元件。

首先配置如果（If）控制器–百度，不勾选 "Interpret Condition as Variable Expression?" 复选框，直接在输入框中输入条件表达式，配置界面如图 5-88 所示。

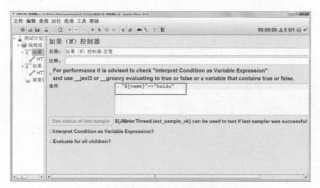

图5-88　如果（If）控制器–百度的配置界面

然后配置如果（If）控制器–itcast，勾选 "Interpret Condition as Variable Expression?" 复选框，需要通过函数生成变量表达式。

在 JMeter 的工具栏中单击 "函数助手" 按钮（■），弹出 "函数助手" 对话框，如图 5-89 所示。

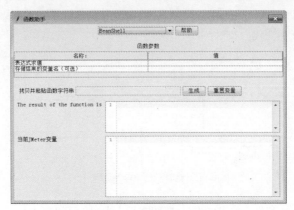

图5-89 "函数助手"对话框

在图 5-89 所示界面中，首先单击顶部的下拉列表框右侧的下拉按钮，选择 "jexl3"，在 jexl3 的函数参数列表中输入条件表达式"${name}"=="itcast"之后，单击 "生成" 按钮生成函数表达式，具体操作顺序如图 5-90 所示。

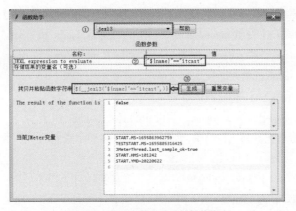

图5-90 生成函数表达式的操作顺序

由图 5-90 可知，jexl3 生成了一个函数表达式，再次单击 "生成" 按钮可以复制生成的 ""${__jexl3("${name}"=="itcast",)}" 表达式。当复制成功之后，关闭 "函数助手" 对话框，将生成的函数表达式粘贴到如果（If）控制器–itcast 元件的输入框中，如图 5-91 所示。

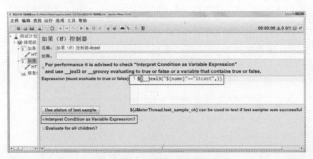

图5-91 粘贴函数表达式

当配置完成之后，执行测试，可以发现发送的请求为 https://www.baidu.com，这是因为此时 name 的值为 baidu。如果将 name 的值修改为 itcast，再次执行测试，则发送的请求就是 https://www.itcast.cn。该操作相对简单，本书不再逐个展示测试结果，读者可以自行测试。

2. 循环控制器

循环控制器可以通过设置循环次数，实现循环发送请求。如果在线程组中需要使用循环控制器，则首先选中 JMeter 主界面的线程组并右键单击，在弹出的快捷菜单中依次选择"添加"→"逻辑控制器"→"循环控制器"，会添加一个循环控制器界面，如图 5-92 所示。

由图 5-92 可知，循环控制器只有一个配置项，该配置项用于设置请求的循环次数。循环控制器的循环次数与线程组的循环次数相同，只是两者的作用域不同，线程组中的循环次数可以控制线程组内的所有请求，而循环控制器的循环次数只能控制其下层的请求。假设有一个测试计划，其目录树结构如图 5-93 所示。

图5-92　循环控制器界面　　　　　　　　　图5-93　测试计划目录树

如果线程组循环次数设置为 3，循环控制器的循环次数设置为 4，则 HTTP 请求-1 的循环次数为 12（即 3 × 4），HTTP 请求-2 的循环次数为 3。线程组可以控制 HTTP 请求-1 和 HTTP 请求-2，而循环控制器只能控制 HTTP 请求-1。

3. ForEach 控制器

ForEach 控制器可以遍历读取一组数据，控制其下层的取样器执行的次数。ForEach 控制器通过与用户定义的变量、正则表达式提取器结合使用，可以从用户定义的变量或者从正则表达式提取器的返回结果中读取一系列数据。

如果在线程组中需要使用 ForEach 控制器，则首先选中 JMeter 主界面中的线程组并右键单击，在弹出的快捷菜单中依次选择"添加"→"逻辑控制器"→"ForEach 控制器"，会添加一个 ForEach 控制器界面，如图 5-94 所示。

图5-94　ForEach控制器界面

下面结合图 5-94 讲解 ForEach 控制器的常用配置项。

- 输入变量前缀：将要遍历的一组数据的前缀。例如，id1、id2、id3 这一组数据的前缀就是 id。
- 开始循环字段（不包含）：循环起始的位置，不读取当前位置的数据。例如，填写 0，从第 1 个位置开始读取；填写 1，从第 2 个位置开始读取。
- 结束循环字段（含）：循环结束的位置。
- 输出变量名称：用于保存读取的数据，在请求中可以引用该名称。

为了让读者更好地掌握 ForEach 控制器，下面通过一个案例演示 ForEach 控制器的使用。本案例要求使用用户定义的变量定义一组关键字：hello、python、测试。依次取出这一组关键字，将其作为请求参数访问百度网站（https://www.baidu.com/S?wd=hello）。

分析上述要求，要想逐个读取用户定义的变量并定义一组关键字作为请求参数，可以使用 ForEach 控制器。确定了核心元件之后，构建测试计划目录树，如图 5-95 所示。

在图 5-95 所示的用户定义的变量界面中定义一组关键字，如图 5-96 所示。

图5-95　测试计划目录树

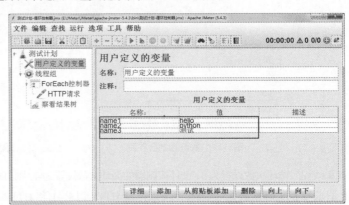

图5-96　在用户定义的变量界面中定义一组关键字

定义好关键字之后，配置 ForEach 控制器，配置界面如图 5-97 所示。

图5-97　ForEach控制器配置界面

在图 5-97 所示界面中，因为要逐个读取 3 个关键字，所以 ForEach 控制器的起始位置和结束位置分别是 0 和 3。需要注意的是，取消勾选"数字之前加上下划线"_"？"复选框，因为上述案例中定义的关键字名称为 name1、name2、name3，前缀 name 与数字之间没有下划线。如果关键字名称定义为 name_1、name_2、name_3，就需要勾选此复选框。

配置完 ForEach 控制器后，进行 HTTP 请求的配置，在 HTTP 请求中，传递参数时要引用图 5-97 所示界面定义的输出变量名称 major，如图 5-98 所示。

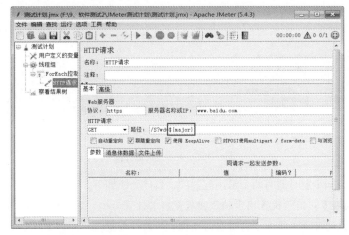

图5-98　在HTTP请求界面引用major

配置完成之后，执行测试，测试结果如图 5-99 所示。

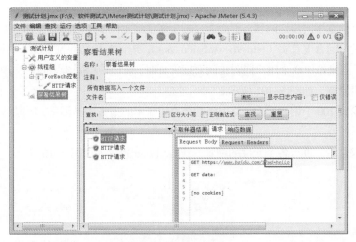

图5-99　测试结果

由图 5-99 可知，本次测试共发送了 3 个请求，第一个请求参数为 hello，后续两个请求参数为 python、测试，说明用户定义的 3 个关键字全部读取成功。

5.4.8　定时器

定时器用于为请求设置等待时间，使请求暂停一段时间再发送。定时器的作用范围比较广，如果只想要定时器针对某个请求，则需要将定时器添加为请求的子节点。否则，定时器会控制与它同层的所有请求。JMeter 中常用的定时器有同步定时器、常数吞吐量定时器、固定定时器，下面分别进行讲解。

1. 同步定时器

同步定时器（Synchronizing Timer）可以阻塞线程，当线程在规定时间内达到一定数量时，这些线程会在同一个时间点一起发送请求。同步定时器通常用于压力测试、并发测试等场景。例如，在模拟电商购物网站的抢购、秒杀活动时，通常会用到同步定时器。

如果在测试计划中需要使用同步定时器，则可以在 JMeter 主界面选中测试计划并右键单击，在弹出的快捷菜单中依次选择"添加"→"定时器"→"Bean Shell Timer"，会添加一个同步定时器界面，如图 5-100 所示。

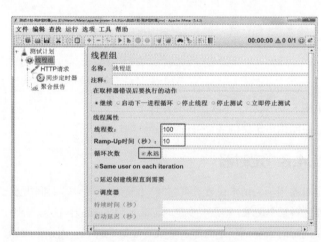

图5-100   同步定时器界面

由图 5-100 可知，同步定时器有两个常用配置项，具体介绍如下。

● 模拟用户组的数量：用于设置同步的线程数量。若设置为 0，则以线程组中的线程数量为准。需要注意的是，模拟用户组的数量不能多于它所在的线程组的线程数量。

● 超时时间以毫秒为单位：用于设置超时时间。如果超时时间设置为 0，则必须等线程数量达到所设置的数量时，才会发送请求；如果设置一个大于 0 的数值，则到了设置时间，即便线程数量没有达到要求，也会发送请求。

为了让读者更好地掌握同步定时器，下面通过一个案例演示同步定时器的使用。本案例要求使用 JMeter 模拟 100 个用户同时访问百度首页（https://www.baidu.com），统计各种高并发情况下的运行情况。

分析上述要求，当模拟 100 个用户同时访问百度首页时，可以使用同步定时器实现。确定了核心元件之后，构建测试计划目录树，如图 5-101 所示。

由于案例要求模拟 100 个用户并发，使用察看结果树显示的报告不易阅读，所以可以使用聚合报告显示结果报告。

目录树构建完成之后，进行各个元件的配置。线程组的配置界面如图 5-102 所示。

图5-101   测试计划目录树

图5-102   线程组的配置界面

在图 5-102 所示界面中，将线程数设置为 100，为了更好地观察测试结果，将 Ramp-Up 时间设置为 10，勾选"永远"复选框。

HTTP 请求的各项配置比较简单，本案例不再展示。配置同步定时器时，为了更好地观察测试的执行过程，可以先将同步定时器的模拟用户组的数量设置为 20，超时时间设置为 0，其配置界面如图 5-103 所示。

图5-103 同步定时器的配置界面

配置完成之后，执行测试，聚合报告的瞬间截图如图 5-104 所示。

图5-104 聚合报告的瞬间截图

图 5-104 中的样本数量（请求数量）每次增加 20 个，同步定时器设置的模拟用户组的数量为 20，且没有设置超时时间，JMeter 会等待请求数量达到 20 时一同发送。

如果在图 5-103 所示界面中，将同步定时器的模拟用户组的数量设置为 30，则再次执行测试，会发现聚合报告中样本数量到 90 时不再发送请求。这是因为发送 90 个请求以后，只剩下 10 个请求，无法再凑够 30 个请求一同发送，并且同步定时器没有设置超时时间，JMeter 会一直等待。要应对这种僵持情况，可以在图 5-103 所示界面中同时设置超时时间，当时间到达时，即便请求数量没有 30 个，JMeter 也会发送请求。

多学一招：清除测试结果

在使用 JMeter 测试时，经常会修改配置参数，反复测试。当执行一次新测试时，测试结果不会覆盖上一次的测试结果，而是会在上一次的测试结果上累加。为了更好地展示测试结果，需要清除上一次的测试结果。

清除测试结果时，需要选中要清除的测试报告（如察看结果树、聚合报告），单击 JMeter 工具栏中的"清除"按钮（　　）或"清除全部"按钮（　　）。使用"清除"按钮只能清除当前选中的测试报告的结果，而使用"清除全部"按钮能清除所有测试报告的结果。

2. 常数吞吐量定时器

常数吞吐量定时器（Constant Throughput Timer）主要用于设置 QPS 限制，它可以让 JMeter 按照指定吞吐量发送请求。常数吞吐量定时器多用于稳定性测试和混合压测过程中同时压测多个接口以测试系统的稳定性。

如果在测试计划中需要使用常数吞吐量定时器，则可以在 JMeter 主界面选中测试计划并右键单击，在弹出的快捷菜单中依次选择"添加"→"定时器"→"Constant Throughput Timer"，会添加一个常数吞吐量定时器界面，如图 5-105 所示。

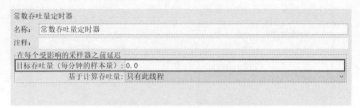

图5-105　常数吞吐量定时器界面

由图 5-105 可知，常数吞吐量定时器的配置项较少，常用的配置项为目标吞吐量，它用于设置单个用户每分钟的吞吐量。假如要求模拟的业务场景 QPS 为 20，即服务器每秒处理的请求数为 20，则服务器每分钟只能处理 1200 个请求。如果线程数为 1，则目标吞吐量为 1200（即 20×60）；如果线程数为 2，则目标吞吐量为 600（即 $20 \times 60/2$），即每个用户每分钟只能发送 600 个请求。

为了让读者更好地掌握常数吞吐量定时器，下面通过一个案例演示常数吞吐量定时器的使用。本案例要求使用 JMeter 发送请求访问百度首页（https://www.baidu.com），QPS 为 20，持续运行一段时间，观察、统计运行时的性能指标变化。

分析上述要求，模拟的业务场景中 QPS 为 20，指定了吞吐量，可以使用常数吞吐量定时器实现吞吐量的设置。首先在 JMeter 中添加一个线程组，并在线程组界面勾选"永远"复选框，然后在该线程组中添加 HTTP 请求，按照案例要求在 HTTP 请求界面完成相关配置，HTTP 请求界面如图 5-106 所示。

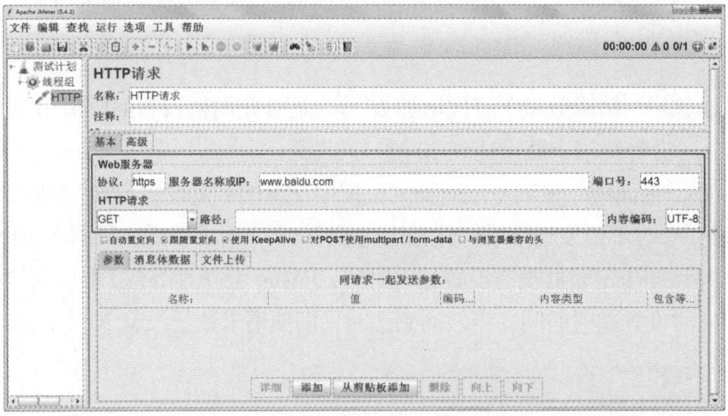

图5-106　HTTP请求界面

配置完成后，在 HTTP 请求下添加常数吞吐量定时器，常数吞吐量定时器的配置界面如图 5-107 所示。

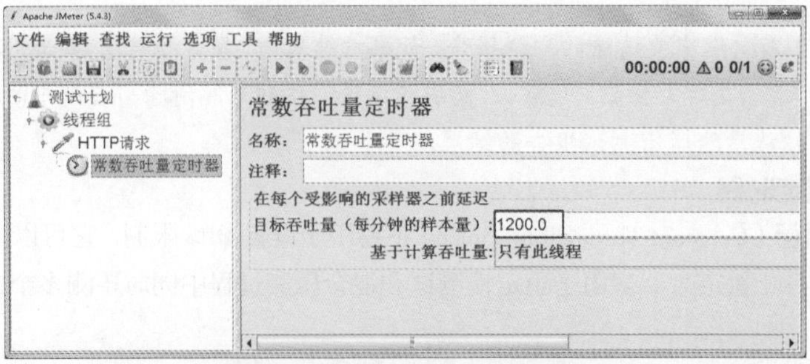

图5-107　常数吞吐量定时器的配置界面

在图 5-107 所示界面中，设置目标吞吐量为 1200。配置完成后按"Ctrl+S"组合键保存，在线程组中添加一个聚合报告并执行测试，测试结果如图 5-108 所示。

图5-108　测试结果

由图 5-108 可知，测试运行时的吞吐量为 20.1/sec，符合测试需求，本次测试的其他性能指标可以暂不关注。需要注意的是，吞吐量并不是精确的 20.0/sec，这是因为 JMeter 自身存在误差。

常数吞吐量定时器只有在线程组中的线程产生足够多请求时才有意义。有时候，即便设置了常数吞吐量定时器的值，也可能由于线程组中的线程数量不够，或定时器设置不合理等因素导致总体的QPS不能达到预期目标。

3. 固定定时器

固定定时器（Fixed Timer）可以使请求延迟指定时间发送。如果在测试计划中需要使用固定定时器，则可以在 JMeter 主界面选中测试计划并右键单击，在弹出的快捷菜单中依次选择"添加"→"定时器"→"固定定时器"，会添加一个固定定时器界面，如图 5-109 所示。

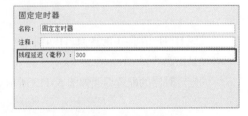

图5-109　固定定时器界面

由图 5-109 可知，固定定时器常用配置项只有一个"线程延迟（毫秒），它用于设置线程发送请求的延迟时间。固定定时器的使用也比较简单，下面通过一个案例演示固定定时器的使用。本案例要求使用 JMeter 模拟登录 iHRM 人力资源管理系统，具体登录情况如下。

- 请求地址：http://ihrm-java.itheima.net/api/sys/login。
- 请求方式：POST。
- 请求头：Content-Type:application/json;charset=UTF-8。
- 请求体：{"mobile":"13800000002","password":"888itcast.CN764%..."}。

当模拟用户登录时，登录出现 3 次输入错误后，锁定 1 分钟，等待 1 分钟后重新输入正确的用户名和密码，登录成功。

分析上述要求，除了添加基本的 HTTP 请求外，由于发送请求时有请求头信息，所以需要添加 HTTP 信息头管理器。本案例共发送 4 次请求，前 3 次使用错误的用户名或密码登录失败，第 4 次等待 1 分钟后再使用正确的用户名和密码登录，则在第 4 次 HTTP 请求中需要添加固定定时器。由此可以构建测试计划目录树，如图 5-110 所示。

HTTP 信息头管理器配置界面如图 5-111 所示。

图5-110　测试计划目录树

图5-111　HTTP信息头管理器配置界面

HTTP 请求-1 的配置界面如图 5-112 所示。

图5-112　HTTP请求-1的配置界面

按照 HTTP 请求-1 配置 HTTP 请求-2、HTTP 请求-3、HTTP 请求-4，注意 HTTP 请求-4 的用户名和密码必须是正确的。

固定定时器的配置界面如图 5-113 所示。

图5-113　固定定时器的配置界面

配置完成之后，执行测试，测试结果如图 5-114 所示。

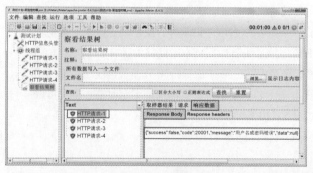

图5-114　测试结果

由图 5-114 可知，HTTP 请求-1 的响应数据为"用户名或密码错误"。查看 HTTP 请求-4 的响应数据，如图 5-115 所示。

图5-115　HTTP请求-4的响应数据

由图 5-115 可知，HTTP 请求-4 的响应数据为"操作成功！"。

5.5　实例：轻商城项目性能测试

为了让读者能够掌握前面讲解的性能测试的基础知识，本节将通过轻商城项目来演示如何使用 JMeter 对该项目的核心业务功能进行性能测试。

5.5.1　项目简介

轻商城是一个目前比较流行的电商购物项目，该项目包含登录、首页、商品、购物车、订单等模块。登录模块用于为用户提供个人账号、密码等信息的输入功能，当用户成功登录时，能够浏览、查看和购买所需商品；首页模块主要用于展示热销、活动或折扣的商品；商品模块用于为用户提供搜索商品的功能，当用户搜索到所需商品后，可以查看商品的详情；购物车模块用于为用户提供添加购物车和查看购物车的功能；订单模块主要用于为用户提供商品结算、提交订单和查看订单的功能。

登录、首页、商品、购物车、订单等模块是轻商城项目为用户提供的核心业务功能。在开展大型的购物活动期间，例如"双十一"购物节，店铺为了吸引更多的用户进行购物消费，通常会推出新品并以折扣的方式在某个时间段出售，在此期间，用户会依据这些功能进行频繁的操作（如同时登录、查看或加购商品），极易导致电商购物项目崩溃。因此，为了能够综合评估项目核心业务功能的性能，并结合项目性能测试的情况进行性能分析与调优，满足项目上线的性能需求，需要对项目进行性能测试。

5.5.2　项目部署

为了能够访问轻商城，需要部署轻商城项目环境。在部署该环境时，可以使用自己的计算机作为服务器，但为了不影响计算机的日常使用，可以在虚拟机环境下搭建轻商城服务器。虚拟机软件可在物理主机的系统中虚拟出多个计算机设备，每台设备都可以安装独立的操作系统，实现在一台物理机上同时运行多个系统。

在项目部署的过程中，难免会遇到各种问题和挑战，这时我们可以试着换个方法或角度去思考，不断尝试，充分发挥自身的潜力，冷静地分析问题，最终顺利解决问题。

确定了基础环境之后，下面介绍具体的环境部署步骤，可扫描二维码进行查看。

5-1　项目环境部署步骤

5.5.3　搭建测试环境

由于轻商城项目部署在虚拟机中，在进行性能测试时，除了要监控响应时间、吞吐量等指标外，还需要监控项目的服务器资源使用率，例如 CPU、内存、磁盘的使用率等。所以在性能测试监控之前需要搭建测试环境，包括下载与安装 FinalShell，下载 ServerAgent 服务器、jmeter-plugins-manager 插件和构造测试数据。

确定了测试环境之后，下面介绍搭建测试环境的具体操作步骤，具体内容可扫描下方二维码进行查看。

5-2　搭建测试环境的具体操作步骤

5.5.4　项目数据库连接

轻商城项目搭建完成之后，为了更好地完成后续测试，需要连接轻商城数据库。为了便于操作，选择带有图形界面的数据库管理工具连接数据库，带有图形界面的数据库管理工具较多，例如 DBeaver、Navicat 等。由于 DBeaver 工具是开源的、跨平台的，并且支持多种数据库，所以本书选择使用 DBeaver 工具连接轻商城数据库，DBeaver 工具的下载、安装与连接数据库的具体内容可扫描下方二维码进行查看。

5-3　DBeaver工具的下载、安装与连接数据库的内容

5.5.5　性能测试需求分析

在开展性能测试之前，测试人员需要获取并分析性能测试的需求，然后提取项目中需要进行性能测试的业务功能。性能测试需求分析的具体内容可以扫描下方二维码进行查看。

5-4　性能测试需求分析的内容

5.5.6　制定性能测试计划

性能测试计划是性能测试过程中的一份指导性文档，主要从测试目的、测试范围、测试策略、测试进度与分工这 4 个方面制定轻商城项目的性能测试计划，具体内容可扫描下方二维码进行查看。

5-5　制定轻商城项目的性能测试计划

5.5.7　设计性能测试用例

按照测试计划的要求，设计轻商城项目的性能测试用例，具体内容可扫描下方二维码进行查看。

5-6　设计轻商城项目的性能测试用例

5.5.8　编写测试脚本

在 JMeter 中编写测试脚本，其基本结构包括添加 HTTP 请求默认值、用户定义的变量、HTTP 信息头管理器、线程组、察看结果树和聚合报告，下面根据该基本结构编写轻商城项目的业务流程测试脚本，具体操作过程可扫描下方二维码进行查看。

5-7　编写轻商城项目的业务流程测试脚本

5.5.9　性能测试监控

当确定了轻商城项目的性能测试需求和测试环境后，进行性能测试监控，具体内容可扫描下方二维码进行查看。

5-8　性能测试监控的过程

5.5.10   性能分析和调优

在性能测试结束后，通常需要进行性能分析和调优，性能分析与调优的具体步骤可扫描下方二维码进行查看。

5-9   性能分析与调优的具体步骤

5.5.11   性能测试报告

在实际工作中，测试完成后都需要对测试过程进行回顾，并编写测试报告，其核心内容包括测试目的、测试范围、测试环境、测试工具、测试问题记录和分析结果、测试经验总结和教训等。在本实例中，使用JMeter提供的命令即可自动生成性能测试报告，具体过程可扫描下方二维码进行查看。

5-10   生成性能测试报告

5.6   本章小结

本章主要讲解了性能测试的相关知识。首先讲解了性能测试基础知识，包括性能测试的概念、性能测试的种类和性能测试的指标；然后讲解了JMeter性能测试工具的安装与使用；最后讲解了JMeter的核心组件，包括取样器、监听器、配置元件、断言、前置处理器、后置处理器、逻辑控制器和定时器。通过本章的学习，读者可以熟悉性能测试的种类与常用的性能测试指标，并掌握JMeter测试工具的使用。

5.7   本章习题

一、填空题

1. 吞吐量是指_____内系统能够完成的工作量。

2. TPS是指系统_____能够处理的事务和交易的数量。

3. 系统在负载情况下，失败业务的概率称为_____。

4. 在JMeter中，一个用户用一个_____表示。

5. JMeter中用于向服务器发送各种请求的组件为_____。

6. JMeter中用于查看服务器响应结果的组件为_____。

7. 如果一个线程组中的多个请求的 IP 地址、端口号都相同，可以将请求的 IP 地址、端口号配置在
_____元件中。

8. 用于判断服务器响应结果是否准确的组件为_____。

9. 在 JMeter 中，如果一个请求需要以另一个请求的响应数据作为参数，这种现象称为_____。

10. JMeter 中的组件_____可以让请求延迟一段时间再发送。

二、判断题

1. 性能测试只能测试系统是否满足用户需求，无法发现潜在的性能问题。（　　　）

2. 基准测试就是一次功能测试。（　　　）

3. QPS 和 TPS 是等同的。（　　　）

4. 响应时间是指系统对用户请求做出响应所需要的时间。（　　　）

5. 吞吐量的度量单位是请求数/秒。（　　　）

6. 点击率是 Web 应用特有的一个指标。（　　　）

7. 安装 JMeter 之前，必须要安装 JDK。（　　　）

8. 执行测试结束之后的回收工作可以在 tearDown 线程组中配置。（　　　）

9. 其他元件引用用户定义的变量的格式为$[变量名]。（　　　）

10. 正则表达式提取器可以提取任意格式的响应数据。（　　　）

11. HTTP 请求只能从线程组添加。（　　　）

三、单选题

1. 下列选项中，可以让系统在强负载情况下，持续运行一段时间（如 7×24 小时）的测试为（　　　）。

A. 基准测试　　　　　　　B. 并发测试　　　　　　C. 稳定性测试　　　　　　D. 配置测试

2. 下列选项中，可以配置测试前的初始化操作的线程组为（　　　）。

A. setUp 线程组　　　　　B. tearDown 线程组　　　C. 线程组　　　　　　　　D. 以上都不对

3. 关于性能测试，下列说法中错误的是（　　　）。

A. 软件响应慢属于性能问题

B. 性能测试是通过性能测试工具模拟正常、峰值及异常负载条件来对系统的各项性能指标进行测试

C. 性能测试可以发现软件系统的性能瓶颈

D. 性能测试以验证功能实现完整为目的

4. 下列选项中，用于控制脚本的执行顺序的组件是（　　　）。

A. 取样器　　　　　　　　B. 前置处理器　　　　　C. 定时器　　　　　　　　D. 逻辑控制器

5. 下列选项中，哪一项不是性能测试指标？（　　　）

A. 响应时间　　　　　　　B. TPS　　　　　　　　　C. 并发进程数　　　　　　D. 吞吐量

6. 如果发送的 HTTP 请求中包含请求头，可以使用下列哪个元件进行配置？（　　　）

A. HTTP 请求默认值　　　　　　　　　　　　　B. HTTP 信息头管理器

C. 用户参数　　　　　　　　　　　　　　　　　D. 用户定义的变量

7. 下列选项中，可以匹配任意字符的符号为（　　　）。

A. .　　　　　　　　　　　B. +　　　　　　　　　　C. *　　　　　　　　　　　D. ()

8. 下列选项中，可以瞬间将系统压力加载到最大的性能测试是（　　　）。

A. 压力测试　　　　　　　B. 负载测试　　　　　　C. 并发测试　　　　　　　D. 峰值测试

9. 下列选项中，可以实现 JMeter 参数化的组件为（　　　）。

A. 配置元件　　　　　　　B. 监听器　　　　　　　C. 断言　　　　　　　　　D. 取样器

四、简答题

1. 请简述性能测试的概念及其主要目的。

2. 请简述基准测试的概念。

3. 请简述 JMeter 中断言的作用。

4. 请简述 JMeter 中后置处理器的作用。

5. 请简述 JMeter 中线程组的分类及其作用。

第 **6** 章

Web自动化测试

- ★ 熟悉自动化测试，能够归纳使用自动化测试需要满足的条件与自动化测试的优缺点
- ★ 了解自动化测试的常见技术，能够描述3种常见的自动化测试技术
- ★ 掌握搭建自动化测试环境的方式，能够独立安装 Python 解释器、PyCharm、Selenium 和浏览器驱动
- ★ 掌握 Selenium 元素定位的方法，能够灵活应用 8 种方法定位 Web 页面元素
- ★ 掌握 Selenium 常用的操作方法，能够灵活应用常用的元素操作、浏览器操作和元素等待等方法
- ★ 掌握自动化测试框架的使用，能够使用 unittest 和 pytest 框架进行自动化测试
- ★ 掌握学成在线教育平台项目的测试方式，能够独立测试项目中的登录、退出和页面跳转功能

随着 IT 技术的发展，软件产品的开发周期越来越短，软件测试的任务越来越重，而测试中的许多操作都是重复性的、非创造性的，但要求工作准确、细致，此时自动化测试工具能够代替人工去完成这样的工作。软件自动化测试是为代替人工测试而产生的，它将自动化工具和技术应用于软件测试，旨在减少人工测试的重复性工作，以更快、更少的工作构建质量更好的软件。本章将对 Web 自动化测试的相关知识进行讲解。

6.1 自动化测试概述

自动化测试是一种把人工驱动的测试行为转化为机器执行的测试过程。测试人员通过一些测试工具或框架，编写自动化测试脚本来模拟人工测试，从而实现自动化测试。例如，在项目迭代过程中，持续的回归测试是一项非常枯燥且重复的任务，如果测试人员每天从事重复劳动，几乎丝毫得不到成长，工作效率就会很低。此时，如果开展自动化测试，就能够帮助测试人员从重复、枯燥的人工测试中解放出来，提高测试效率，缩短回归测试时间。

实施自动化测试之前，需要对软件开发过程进行分析，以观察其是否适合使用自动化测试。通常情况下，使用自动化测试需要满足以下 3 个条件。

（1）项目需求变动不频繁

测试脚本的稳定性决定了自动化测试的维护成本。如果项目需求变动过于频繁，测试人员需要根据变动的需求来更新测试用例以及相关的测试脚本，不断地对脚本代码进行修改与调试，有时候还需要花费很多时间对自动化测试的框架进行修改。当项目需求变动不频繁时，才会使用自动化测试。

（2）项目进度压力不大，时间不紧迫

在自动化测试过程中，测试工具需要多次对项目进行测试后才能有效预防项目中的缺陷，并且在这个过程中测试人员还需要设计自动化测试框架、编写并调试自动化测试脚本代码，这些操作都需要足够的时间才可以完成。充足的时间有利于测试人员编写高质量的脚本，从而提高自动化测试的质量。因此，使用自动化测试的前提条件是保证项目进度压力不大，时间不紧迫。

（3）多种浏览器或平台上可以重复运行相同的测试脚本

在自动化测试过程中，测试人员需要耗费一定的时间去编写测试脚本，如果测试脚本的复用率比较低，则会使编写脚本的成本大于创造的经济价值，这样会增加项目开发的经济负担。为了使项目开发的经济价值最大化，通常要求在多种浏览器或平台上可以运行相同的测试脚本时，才会使用自动化测试。

如果需要测试的项目满足以上 3 个条件，则适合使用自动化测试。另外，在需要投入大量时间与人力测试的时候，也可以使用自动化测试，例如压力测试、性能测试、大量数据输入测试等。反之，在项目周期很短、需求变动频繁、团队缺乏有编程能力的测试人员等情况下，则适合采用人工测试的方式。

在软件开发的过程中，由于开发团队通常追求敏捷开发，所以许多开发团队采用金字塔测试策略。自动化测试金字塔策略如图 6-1 所示。

图 6-1 展示的金字塔策略要求自动化测试需要进行 3 个不同类型、级别的测试，最底部的单元测试占据了自动化测试的最大比例，其次是接口测试和 UI（User Interface，用户界面）测试。将自动化测试的重点放在单元测试和接口测试阶段有利于加快项目整体开发进度，降低后期开发和测试的成本。

图6-1　自动化测试金字塔策略

下面分别对自动化测试金字塔策略中的单元测试、接口测试和 UI 测试进行详细介绍。

（1）单元测试

单元测试要求开发人员在开发的过程中对每个功能模块（函数、类方法）进行测试，例如检测其中某一项功能是否按预期要求正常运行。单元测试中通常使用白盒测试方法，主要对代码的内部逻辑结构进行测试。

（2）接口测试

接口测试要求对数据传输、数据库性能等进行测试，从而保证数据传输和处理的完整性。接口功能的完整运作对整个项目功能扩展、升级和维护有着重要作用，接口测试通常使用黑盒测试与白盒测试相结合的方法进行。

（3）UI 测试

UI 测试以用户体验为主，由于软件的所有功能都是通过 UI 这一层展示给用户的，所以 UI 测试也很重要。UI 测试并不是完全地使用自动化测试方式实现，其中也需要人工操作来确定 UI 的易用程度。

自动化测试与人工测试相比，既有优点也有缺点。自动化测试虽然能够解决人工测试不能解决的复杂的测试场景问题，但是自动化测试也不能完全代替人工测试，例如，人工测试中测试人员经过大脑思考的逻辑判断与细致定位操作是自动化测试无法完成的，测试人员的测试经验也是自动化测试不具备的。

1. 自动化测试的优点

（1）提高回归测试的效率

回归测试是指开发人员修改了项目中原来的代码后，为了确保项目能够正常运行、没有引入新的错误，测试人员需要重新对项目进行测试。当一个项目中的 UI 修改比较频繁或项目中开发了新功能时，项目中原来的大部分功能结构都没有改变，这时候需要对此项目进行的测试就是回归测试。当需要对项目进行回归测试时，只需要重新按照预先设计好的测试用例和业务操作流程进行测试即可。自动化测试减少了人工测试时需要进行的多次回归测试操作，从而提高了测试工作的效率。

（2）提高测试人员的利用率

在部署好测试环境后，自动化测试可以在无人看守的状态下进行，并对测试结果进行分析。测试人员可以将时间和精力投入其他测试工作中，从而减少测试人员的工作量，提高测试人员的利用率。

（3）提高测试的精确度

在人工测试的过程中，测试人员在测试过程中会出现每次测试的操作步骤不一样的问题，这样会导致测试结果不准确。为了减少人工测试中人为的错误或误差，我们可以使用自动化测试。自动化测试是由测试工具每次按照相同的轨迹不断地自动执行测试操作来完成的，这样可以保证在测试过程中出现的错误或误差比人工测试要少一些，并且能够有效地保证每次测试的操作步骤的一致性，从而提高测试的精确度。

（4）提高测试的便捷性

如果需要对项目进行负载测试或压力测试，则需要大量用户同时访问并操作该项目。此种类型的测试需要模拟大量用户的参与，人工测试很难实现大量用户同时访问并操作项目，此时可以通过自动化测试来实现，从而达到对项目进行负载测试与压力测试的目的，提高测试的便捷性。

2. 自动化测试的缺点

（1）不能提高测试的有效性

自动化测试的脚本由代码编写而成，在测试过程中，脚本可能会出现异常或逻辑错误等情况，此时将无法提高测试的有效性。自动化测试工具本身也是一个产品，当它在不同的操作系统或平台上运行时也可能会出现缺陷，例如，能在 Windows 操作系统上运行的脚本不一定能在 Linux 操作系统上运行，能在谷歌浏览器上运行的脚本不一定能在火狐或其他浏览器上运行。当自动化测试过程中出现脚本运行异常时，则不能提高测试的有效性。

（2）发现的缺陷比人工测试少且不容易发现新的缺陷

自动化测试通常在人工测试之后开展，常用于回归测试。由于自动化测试使用的工具是没有思维的，无法进行主观判断，所以自动化测试只能用于发现新版本的软件是否有旧版本的软件的缺陷，不易发现软件的新缺陷，并且发现的缺陷数量通常比人工测试的要少。自动化测试常用于缺陷预防而不是发现更多新缺陷。

通过分析自动化测试的优缺点可知，自动化测试无法完全取代人工测试，自动化测试和人工测试都有各自的优缺点。在实际项目的测试过程中，自动化测试和人工测试是相辅相成的，将两者有效结合才能保证软件产品的高质量。

6.2　自动化测试的常见技术

自动化测试技术有很多，下面主要介绍 3 种常见的自动化测试技术，具体如下。

1. 录制与回放技术

录制是指先由测试人员对桌面应用程序或者 Web 页面的某一项功能完成一遍需要测试的流程，然后通过自动化测试工具记录测试流程中客户端与服务器之间的通信过程，以及用户与应用程序交互时的操作行为，自动生成一个脚本。在测试执行期间可以回放测试的流程，通过回放能够查看录制过程中存在的错误和不足，例如图片刷新缓慢、URL 无法访问等。

在录制过程中，每一个测试过程都会生成单独的测试脚本，并且程序数据和脚本会混合在一起，使得维护成本很高。无论是简单的界面还是复杂的界面，一旦发生变化，测试人员都需要重新录制，使得脚本的可重复利用率降低。

2. 脚本技术

脚本是测试计算机程序执行的指令集合。脚本可以用 JavaScript、Python、Java 等语言编写，如果要使用录制生成的脚本，则需要修改后再使用，这样可以减少测试人员编写脚本的工作量。常见的脚本技术有以下 3 种。

（1）线性脚本

线性脚本是指通过录制人工执行测试用例得到的脚本，包括鼠标单击事件、页面选择、数据输入等操作。线性脚本可以完整地进行回放。

（2）结构化脚本

结构化脚本类似于结构化程序设计，具有多种逻辑结构，例如顺序、分支、循环等，并且它还具有函数调用功能。结构化脚本可以灵活地用于测试各种复杂功能。

（3）共享脚本

在自动化测试中，一个脚本可以调用其他脚本进行测试，这些被调用的脚本就是共享脚本。共享脚本可以使脚本被多个测试用例共享。

在实际工作中，通常项目团队的成员会协作完成脚本的编写，不同成员之间需要进行合理且有效的沟通，以保证脚本的正确性和可维护性。成员将各自编写的脚本进行共享，以便其他成员快速浏览和理解脚本。可见，团队协作不仅可以促进成员之间的凝聚力，而且可以提高整个团队的工作效率。

3．数据驱动技术

数据驱动是指从数据文件中读取输入数据并将数据以参数的形式输入脚本测试，不同的测试用例使用不同类型的数据文件。数据驱动技术实现了数据和脚本分离，相较于录制与回放测试技术，数据驱动技术极大地提高了脚本利用率和可维护性，但是界面变化较大的项目不适合使用数据驱动技术。常见的数据驱动技术有以下2种。

（1）关键字驱动

关键字驱动是数据驱动的改进，它将数据与脚本分离、界面元素与内部对象分离、测试过程与实现细节分离。关键字驱动的测试逻辑为按照关键字进行分解得到数据文件，常用的关键字主要包括被操作对象、操作和值。

（2）行为驱动

行为驱动是指根据不同的测试场景设计不同的测试用例，它需要开发人员、测试人员、产品业务分析人员等协作完成。行为驱动测试是基于当前项目的业务需求、数据处理、中间层进行的协作测试，它注重的是测试软件的内部运作变化，从而解决单元测试中的细节问题。

6.3　搭建自动化测试环境

在进行Web自动化测试之前，需要搭建自动化测试环境，自动化测试环境包括Python解释器、PyCharm、Selenium和浏览器驱动，本节将详细讲解搭建自动化测试环境的具体过程。

1．安装Python解释器和PyCharm

由于本章主要使用Python语言编写自动化测试脚本，所以需要安装Python解释器和PyCharm集成开发工具。Python官方网站提供了多个版本的Python解释器，根据实际需要在官方网站中下载对应的Python解释器进行安装即可。

下面以Windows 7系统为例，演示如何安装Python解释器和PyCharm。首先访问Python的官方网站，如图6-2所示。

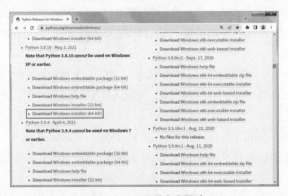

图6-2　Python的官方网站

　　图 6-2 中展示了 3.8.10 和 3.9.4 版本的 Python 解释器，由于 Python 3.9.4 不支持在 Windows 7 系统上安装，所以本书选择安装 3.8.10 版本的解释器。

　　单击图 6-2 所示页面中的 "Download Windows installer (64-bit)" 即可下载 Python 解释器安装包，当下载完成后，会得到一个名为 python-3.8.10-amd64.exe 的安装包，双击该安装包进入 Install Python 3.8.10 (64-bit)界面，如图 6-3 所示。

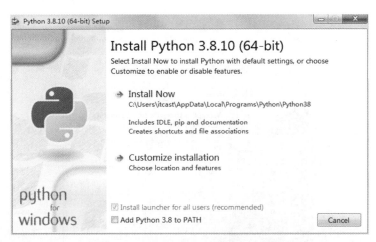

图6-3　Install Python 3.8.10 (64-bit) 界面

　　图 6-3 中有 2 种安装 Python 解释器的方式：第 1 种方式是 "Install Now"，当选择该方式时，程序会默认安装 Python 解释器，在安装过程中不可以更改安装路径；第 2 种方式是 "Customize installation"，当选择该方式时，程序会通过自定义安装方式安装 Python 解释器，在安装过程中可以修改安装路径和其他安装信息。为了方便修改安装路径，此处选择第 2 种方式来安装 Python 解释器。

　　图 6-3 所示界面的底部还有 2 个复选框，第 1 个复选框即 "Install launcher for all users (recommended)" 复选框表示为所有用户安装启动器（推荐），第 2 个复选框即 "Add Python 3.8 to PATH" 复选框表示将 Python 3.8 添加到 Windows 系统的环境变量中。第 1 个复选框默认是勾选的，第 2 个复选框需要手动勾选，如果不勾选第 2 个复选框，则在使用 Python 解释器之前需要手动将 Python 解释器添加到系统的环境变量中。

　　由于后续的安装过程不需要进行其他特殊操作，直接通过默认的方式逐步安装即可，所以此处不再详细介绍。

　　在安装 Python 解释器的过程中，程序会默认自动安装一个集成开发环境（Integrated Development and Learning Environment，IDLE），该集成开发环境比较适合小型项目的开发，如果涉及复杂的项目，需要用到断点调试或其他功能时，Python 解释器默认安装的集成开发环境将不再适用。

　　PyCharm 是一个专门用于 Python 开发的集成开发工具，它具有代码跳转、智能提示、代码调试、实时错误高亮显示、自动化代码重构等特点，可以帮助用户在使用 Python 语言开发时提高效率，因此本书选择下载、安装 PyCharm 集成开发工具来编写自动化测试脚本。

　　首先访问 PyCharm 官方网站并进入 PyCharm 的下载页面，如图 6-4 所示。

　　图 6-4 中，在 "Windows" 下方提供了 2 个版本的下载，分别是 Professional（专业版）与 Community（社区版）。由于 Community 版本不需要进行注册就能免费使用，所以在此处选择 Community 版本进行下载。单击 Community 版本处的 "Download" 按钮下载 PyCharm 安装包，下载成功后，双击该安装包，会进入 Welcome to PyCharm Community Edition Setup 界面，如图 6-5 所示。

图6-4　PyCharm的下载界面

图6-5　Welcome to PyCharm Community Edition Setup界面

在图 6-5 所示界面中，单击 "Next" 按钮后会进入下一步，在后续安装过程中不需要进行其他特殊操作，直接按照默认的方式安装即可，此处不再详细介绍。

2. 安装 Selenium

Selenium 是一个用于测试 Web 应用程序的工具，该工具支持多浏览器，例如 Chrome、Firefox、IE 等；该工具还支持多系统，例如 Windows、Linux、macOS 等；同时也支持在多种编程语言中使用，如 Java、Python、PHP 等。Selenium 通过网页驱动程序（Selenium WebDriver）可以让测试脚本直接与浏览器交互，能够提高自动化测试的效率。

在安装 Selenium 时可以通过 2 种方式进行安装，第 1 种方式是通过 pip 包管理工具进行安装，第 2 种方式是通过 PyCharm 进行安装。下面分别介绍这 2 种安装方式。

（1）通过 pip 包管理工具安装 Selenium

由于在安装 Python 解释器时会自动安装 pip 包管理工具，所以在网络连接正常的情况下，可以直接通过 pip 包管理工具安装 Selenium。首先在计算机中打开命令提示符窗口，然后在窗口中输入 "pip install selenium==3.141.0" 命令，最后按 "Enter" 键即可安装 Selenium，如图 6-6 所示。

图6-6　命令提示符窗口

图 6-6 中显示了 "Successfully installed selenium-3.141.0"，说明 Selenium 安装成功，并且安装的版本为 3.141.0。本书使用的 Python 解释器版本为 3.8.10，该版本兼容的 Selenium 版本是以 3 开头的版本，本书中我们安装的 Selenium 版本为 3.141.0。

需要说明的是，如果想要安装 Selenium 的最新版本，可以在命令提示符窗口中输入 "pip install selenium" 命令进行安装。

（2）通过 PyCharm 集成开发工具安装 Selenium

首先打开 PyCharm 集成开发工具，创建一个名为 Chapter06 的程序，单击菜单栏中的 "File" 选项会弹出一个下拉菜单，如图 6-7 所示。

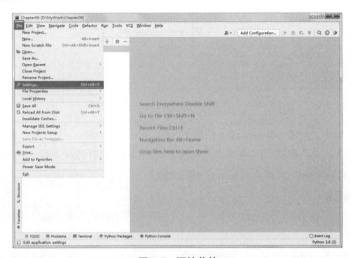

图6-7　下拉菜单

在图 6-7 所示界面中，单击 "Settings…" 选项，会弹出一个 "Settings" 对话框，如图 6-8 所示。

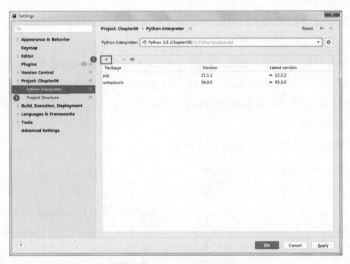

图6-8　"Settings" 对话框

在图 6-8 所示对话框中，首先单击 "Python Interpreter" 选项，然后单击 "Settings" 对话框中的加号 "+"，弹出 "Available Packages" 对话框，在该对话框的搜索栏中输入 selenium，如图 6-9 所示。

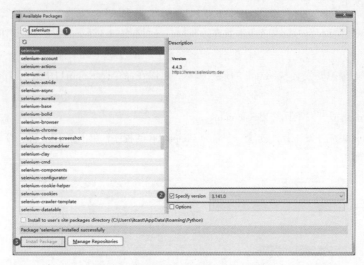

图6-9 "Available Packages" 对话框

在图 6-9 所示对话框中，勾选 Selenium 版本信息下方的 "Specify version" 复选框，选择 "3.141.0" 的版本，最后单击下方的 "Install Package" 按钮（图中是单击过的效果）进行安装。当看到对话框左下角出现 "Package 'selenium' installed successfully" 的提示信息时，说明 Selenium 安装成功。

3. 安装浏览器驱动

在 Web 自动化测试中，浏览器驱动通过将 PyCharm 中的测试脚本转换为浏览器能够识别的指令来模拟用户操作网页，浏览器在接收到指令后，会通过浏览器驱动将操作结果返回到 PyCharm 的控制台中。每一种浏览器都需要有一个特定的浏览器驱动，例如，Chrome 浏览器驱动是 chromedriver.exe，Firefox 浏览器驱动是 geckodriver.exe，IE 驱动是 IEDriverServer.exe。下面以 Chrome 浏览器为例，讲解 chromedriver.exe 驱动的下载与安装过程。

（1）查看 Chrome 版本信息

由于安装的浏览器驱动版本需要与浏览器版本一致，所以在安装浏览器驱动之前，首先需要查看浏览器的版本信息，这是为了避免出现安装的浏览器驱动版本与浏览器版本不一致，引起程序报错或无法正常使用等问题。

单击 Chrome 浏览器右上角的 " ⋮ "，选择 "帮助" → "关于 Google Chrome 选项"，会弹出设置-关于 Chrome 页面，在该页面中可以查看 Chrome 的版本信息。设置-关于 Chrome 页面如图 6-10 所示。

由图 6-10 可知，Chrome 浏览器的版本为 100.0.4896.127。

（2）下载 Chrome 浏览器驱动

访问 Chrome 浏览器驱动的官方网站，如图 6-11 所示。

图6-10 设置-关于Chrome页面

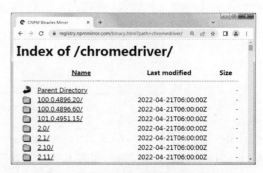

图6-11 Chrome浏览器驱动的官方网站

图 6-11 中显示了 Chrome 浏览器不同版本的驱动,由于当前使用的 Chrome 浏览器版本为 100.0.4896.127,所以此处选择"100.0.4896.20/"进行下载。

需要注意的是,当下载 Chrome 浏览器驱动时,有时会找不到与浏览器版本号相同的驱动,此时可以下载与浏览器大版本号相同的驱动,例如 Chrome 浏览器的版本为 100.0.4896.127,则该浏览器的大版本号为 100。

单击图 6-11 所示页面中的"100.0.4896.20/"会进入 Chrome 浏览器驱动下载页面,如图 6-12 所示。

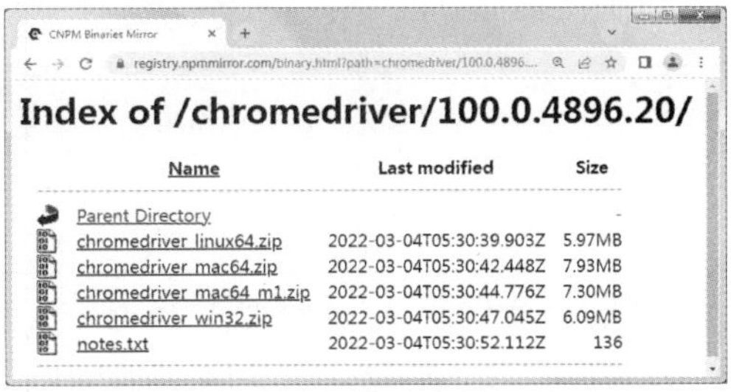

在图 6-12 所示页面中,单击"chromedriver_win32.zip"链接进行下载,当下载完成后,将下载的浏览器驱动安装包解压到 Python 解释器的安装目录中,例如,解压到 D:\Python\

图6-12　Chrome浏览器驱动下载页面

Python38 目录中。由于在安装 Python 解释器时,程序会自动将 Python 解释器配置到环境变量中,所以把浏览器驱动安装包解压到 Python 解释器的安装目录中,相当于将该驱动加入环境变量中,就不需要单独给浏览器驱动配置环境变量了。

至此,完成自动化测试环境的搭建。

6.4　Selenium 工具的基本应用

Selenium 的底层框架通过 JavaScript 实现,它可以直接运行在浏览器中,模拟用户操作 Web 页面。Selenium 工具的使用方式比较简单,可以结合 Java、Python 等语言编写自动化测试脚本。本节将对 Selenium 工具的基本应用进行讲解,包括 Selenium 元素定位方法和 Selenium 常用的操作方法。

6.4.1　Selenium 元素定位方法

通过 Selenium 来自动操作 Web 页面时,首先需要定位页面中要操作的对象,例如,要模拟用户在百度网站的输入框中输入一段文字内容,必须先定位到该输入框,然后才能输入文字内容。输入框可以称为页面中的元素,常见的页面元素还有按钮、单选框、复选框、超链接等。每个元素都有很多属性,例如 id、name、class 等,并且每个属性都有属性值。

Selenium 提供了用于实现 Web 自动化测试的第三方类库 WebDriver,该库提供了元素定位方法、元素操作方法和键盘操作方法等。测试人员在编写自动化测试脚本时,可以调用 Selenium 元素定位方法,将每个元素属性的值作为参数传递到元素定位方法中即可实现自动定位。Selenium 的 WebDriver 分别提供了单个元素和一组元素的定位方法,具体介绍如下。

1. 单个元素的定位方法

单个元素的定位方法如表 6-1 所示。

表 6-1　单个元素的定位方法

方法	说明
find_element_by_id(id_)	表示通过元素的 id 属性值定位元素,该方法中的参数 id_表示元素在 HTML 页面中的 id 属性值
find_element_by_name(name)	表示通过元素的 name 属性值定位元素,该方法中的参数 name 表示元素在 HTML 页面中的 name 属性值
find_element_by_class_name(name)	表示通过元素的 class 属性值定位元素,该方法中的参数 name 表示元素在 HTML 页面中的 class 属性值

续表

方法	说明
find_element_by_tag_name(name)	表示通过元素的 tag_name（标签名）定位元素，该方法中的参数 name 表示元素在 HTML 页面的标签名
find_element_by_link_text(text)	表示通过超链接的全部文本内容定位元素，该方法中的参数 text 表示超链接的全部文本内容
find_element_by_partial_link_text(text)	表示通过超链接的一部分文本内容定位元素，该方法中的参数 text 表示超链接文本的部分或全部内容
find_element_by_xpath(xpath)	表示通过元素的路径定位元素，该方法中的参数 xpath 表示元素路径
find_element_by_css_selector(css_selector)	表示通过元素的 CSS 选择器定位元素，该方法中的参数 css_selector 表示选择器

需要说明的是，Web 页面通常由多种不同的标签组成，每种标签可能在页面中存在多个。如果定位到多个相同的标签，则程序默认只会定位第一个标签（在页面中从上到下排列后的第一个标签），在使用 tag_name 定位元素时，会无法精准定位每个元素，一般很少使用 find_element_by_tag_name( )方法定位元素。

在 CSS 选择器中，常用的选择器包括 id 选择器、class 选择器、元素选择器、属性选择器和层级选择器等。例如，在调用 find_element_by_css_selector( )方法定位 Web 页面中的元素时，如果使用 id 选择器，则该方法中的参数写为#id；如果使用 class 选择器，则该方法中的参数写为.class。

2. 一组元素的定位方法

一组元素的定位方法与单个元素的定位方法相似，不同的是，在定位一组元素的方法中，element 需要使用复数形式，即 elements。例如，在测试 Web 页面时，如果需要通过元素的 id 属性值定位一组元素，则可以调用 find_elements_by_id( )方法；如果需要通过元素的 CSS 选择器定位一组元素，则可以调用 find_elements_by_css_selector( )方法。

需要注意的是，当使用元素的 id、name 或 class 属性进行定位时，要确保这些属性的值在页面中是唯一的，否则程序将出现定位不到元素的问题。

因此，我们在学习使用 Selenium 定位页面元素时，要保持严谨的学习态度，才能熟练掌握 Selenium 元素定位方法，并准确、快速地定位页面元素，确保测试用例成功运行。

下面以 TPshop 开源商城项目为例，演示如何使用元素定位方法来定位项目中的"搜索商品"输入框、"搜索"按钮和"购物车"文本超链接。

首先在浏览器中访问 TPshop 开源商城首页，然后按键盘上的"F12"键打开开发者工具，或在页面空白处右键单击，在弹出的快捷菜单中选择"检查"选项打开开发者工具，TPshop 开源商城首页中的元素信息如图 6-13 所示。

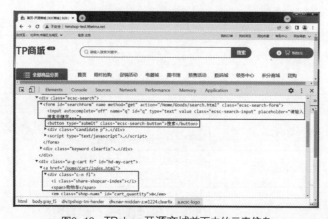

图6-13　TPshop开源商城首页中的元素信息

在图 6–13 所示页面中，首先单击开发者工具左上角的"元素选择器"按钮（⌖），然后单击需要定位的元素即可查看元素的信息。经查看可知，"搜索商品"输入框的 name 属性值为 q。"搜索"按钮的 class 属性值为 ecsc-search-button。"购物车"是一个超链接元素，该元素的 class 属性值有 2 个，分别是 c_n 和 fl。

下面在 PyCharm 的 Chapter06 程序中创建 location_element.py 文件，然后在该文件中调用元素定位方法，分别定位"搜索商品"输入框、"搜索"按钮和"购物车"文本超链接，具体代码如文件 6–1 所示。

【文件6-1】 location_element.py

```
1   from selenium import webdriver
2   driver = webdriver.Chrome()
3   url = "http://hmshop-test.itheima.net/"
4   driver.get(url)
5   # 定位"搜索商品"输入框
6   driver.find_element_by_name("q")
7   # 定位"搜索"按钮
8   driver.find_element_by_xpath("//*[@id="searchForm"]/button'")
9   # 定位"购物车"文本超链接
10  driver.find_element_by_class_name("c-n")
```

上述代码中，第 1 行代码用于将 Selenium 中的 WebDriver 模块导入程序中。

第 2 行代码用于创建 Chrome 浏览器驱动对象。

第 4 行代码调用 get() 方法将 TPshop 开源商城的链接地址加载到 Chrome 浏览器驱动对象中。

第 6 行代码调用 find_element_by_name() 方法定位"搜索商品"输入框，该方法中的参数 q 表示"搜索商品"输入框的 name 属性值。

第 8 行代码调用 find_element_by_xpath() 方法定位"搜索"按钮，该方法中的参数'//*[@id="searchForm"]/button'表示"搜索"按钮在页面中的具体路径。该路径可以通过在开发者工具中的"搜索"按钮任意属性上方右键单击，选择"Copy"→"Copy Xpath"选项获取。

第 10 行代码调用 find_element_by_class_name() 方法定位"购物车"文本超链接，该方法中的参数 c–n 表示 name 属性值。

运行文件 6–1 中的代码，控制台输出的信息如图 6–14 所示。

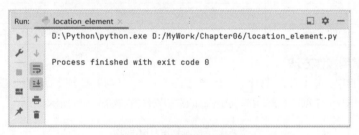

图6–14 控制台输出的信息

由图 6–14 可知，程序在运行的过程中没有报错，说明成功定位到"搜索商品"输入框、"搜索"按钮和"购物车"文本超链接等元素。

多学一招：调用 find_element() 方法定位元素

除了表 6-1 中介绍的元素定位方法外，还可以调用 find_element() 方法定位元素，该方法通过 By 模块来声明定位，并传入对应定位方法的定位参数。find_element() 方法的语法格式如下。

```
find_element(by=By.ID,value=None)
```

find_element() 方法中有两个参数，第一个参数 by 表示元素定位的类型，由 By 模块提供，默认通过 ID

属性来定位；第二个参数 value 表示元素定位类型的属性值。

在使用 find_element( )方法进行元素定位时，需要导入 By 模块，具体如下。

```
from Selenium.webdriver.common.by import By
```

下面列举调用 find_element( )方法定位元素的示例代码，具体如下。

```
driver.find_element(By.ID,"userA")
driver.find_element(By.NAME,"passwordA")
driver.find_element(By.CLASS_NAME,"telA")
driver.find_element(By.TAG_NAME,"input")
driver.find_element(By.LINK_TEXT,'访问 新浪 网站')
driver.find_element(By.PARTIAL_LINK_TEXT,'访问 ')
driver.find_element(By.XPATH,'//*[@id="emailA"]')
driver.find_element(By.CSS_SELECTOR,'#emailA')
```

6.4.2　Selenium 常用的操作方法

在 Web 自动化测试中，定位页面中的各类元素只是测试过程中的第一步，在成功定位到页面中的元素后还需要对这些元素进行操作，例如单击、输入、清空等。Web 自动化测试的过程需要操作 Web 页面中的各类元素，这些操作除了元素的常用操作外，还包括浏览器的相关操作。Selenium 的 WebDriver 模块针对这些操作提供了相关的方法，具体介绍如下。

1. 元素的常用操作方法

在 Web 自动化测试的过程中，元素的常用操作包括输入、清空、提交表单、单击、获取、截图等，这些常用的操作在自动化测试程序中都有对应的方法。元素的常用操作方法如表 6-2 所示。

表 6-2　元素的常用操作方法

方法	说明
send_keys(*value)	输入操作方法，该方法中的参数表示输入的内容
clear( )	清空操作方法
submit( )	提交表单操作方法
click( )	单击操作方法
get(url)	获取操作方法，该方法中的参数 url 表示 Web 页面的资源路径
get_screenshot_as_file(filename)	截图操作方法，该方法中的参数 filename 是页面截图后存储的绝对路径

2. 浏览器的常用操作方法

在自动化测试过程中，除了需要对页面中的元素进行操作外，还需要对浏览器进行一些常用的操作，例如，设置浏览器的窗口大小与关闭浏览器窗口等。浏览器的常用操作方法如表 6-3 所示。

表 6-3　浏览器的常用操作方法

方法	说明
maximize_window( )	设置浏览器窗口为最大化
minimize_window( )	设置浏览器窗口为最小化
close( )	关闭浏览器窗口
quit( )	关闭浏览器的所有窗口并退出浏览器驱动

3. 元素等待的 3 种方法

在自动化测试过程中，当元素定位程序没问题，程序在运行过程中却报出元素不存在或元素不可见的异常信息时，则需要考虑是否因为测试环境不稳定、网络加载缓慢等问题导致页面元素还未加载出来。为了避免自动化测试过程中出现页面元素未加载出来而报错的问题，需要在自动化测试脚本中设置元素等待时间。元素等待的方式有 3 种，分别是强制等待、隐式等待和显式等待，具体介绍如下。

（1）强制等待

强制等待主要通过调用 sleep(seconds)函数让程序休眠一段时间，时间到达后，程序再继续运行。sleep(seconds)函数中传递的参数 seconds 表示等待的时间，该时间的单位默认为秒。

（2）隐式等待

隐式等待是指定位页面元素时，如果能定位到元素，则测试程序直接返回该元素，不触发等待；如果定位不到该元素，则需要等待一段时间后再进行定位；如果超过程序设置的最长等待时间还没有定位到指定元素，则程序会抛出元素不存在的异常（NoSuchElementException）。在程序中设置隐式等待时需要调用 implicitly_wait(timeout)方法，该方法中的参数 timeout 表示隐式等待的最长等待时间，单位为秒。

（3）显式等待

显式等待是指定位指定元素时，如果能定位到指定元素，则测试程序直接返回该元素，不触发等待；如果定位不到指定元素，则需要等待一段时间后再重新进行定位；如果超过程序设置的最长等待时间还没有定位到指定元素，则程序会抛出超时异常（TimeoutException）。实现显式等待需要调用的方法为 WebDriverWait( )，在程序中进行显式等待时，WebDriverWait( )方法必须与 until( )方法或 until_not( )方法结合使用。

多学一招：until()方法和 until_not()方法的使用

在程序中设置显式等待时需要调用 WebDriverWait( )方法，该方法必须与 until( )方法或 until_not( )方法结合使用，关于这两个方法的介绍如下。

until( )方法用于调用一个查找元素的匿名函数，如果该函数的返回值为 True，表示查找到元素；如果该函数的返回值为 False，表示未查找到元素。当未查找到元素时，程序会每隔一段时间调用一次 until( )方法查找元素，直到查找到元素为止。

until_not( )方法也用于调用一个查找元素的匿名函数，如果该函数的返回值为 True，表示未查找到元素；如果该函数的返回值为 False，表示查找到元素。当未查找到元素时，程序会每隔一段时间调用一次 until_not( )方法查找元素，直到查找到元素为止。

下面以闲云旅游项目为例，结合上述介绍的 Selenium 常用的操作方法，编写自动化测试脚本。首先测试登录闲云旅游，然后在"搜索"输入框中输入"北京"，并单击 Q 进行搜索。

打开浏览器中的开发者工具，查看闲云旅游页面中"登录/注册"文本的元素信息，如图 6-15 所示。

图6-15　"登录/注册"文本的元素信息

由图 6-15 可知，"登录/注册"文本的 class 属性值为 account-link，我们可以调用 find_element_by_class_name()方法对"登录/注册"文本进行定位。

在闲云旅游首页中，单击"登录/注册"文本超链接后，会进入登录页面，登录页面的元素信息如图6–16所示。

图6–16　登录页面的元素信息

由于闲云旅游是一个用于教学测试的项目，所以用户名和密码默认自动输入。其中，默认的用户名为"demo"，密码为"hmXy23%h5"。由图6–16可知，用户名输入框和密码输入框的class属性值都为el–input__inner，"登录"按钮的class属性值为el–button、submit、el–button––primary。

在图6–16所示页面中，当输入正确的用户名和密码后，单击"登录"按钮，会进入闲云旅游首页。由于需要在首页的"搜索城市"输入框中输入"北京"进行搜索，所以需要查看"搜索城市"输入框与Q的元素信息，如图6–17所示。

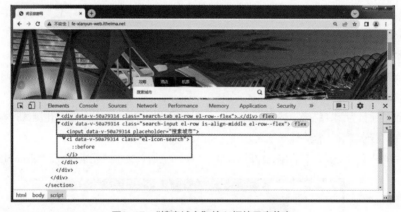

图6–17　"搜索城市"输入框的元素信息

由图6–17可知，"搜索城市"输入框的class属性值有search–input、el–row等，我们可以调用find_element_by_xpath()方法准确定位到"搜索城市"输入框。而搜索图标Q的class属性值只有el–icon–search，因此可以调用find_element_by_class_name()方法对其进行定位。

下面在Chapter06程序中创建operate_element.py文件编写自动化测试脚本，实现对自动登录和自动搜索城市功能的测试，具体代码如文件6–2所示。

【文件6-2】　operate_element.py

```
1  from time import sleep
2  from selenium import webdriver
3  driver = webdriver.Chrome()
```

```
4   url = "http://fe-xianyun-web.itheima.net/"
5   driver.get(url)
6   driver.maximize_window()
7   # 定位"登录/注册"文本链接
8   driver.find_element_by_class_name("account-link").click()
9   # 定位用户名输入框
10  sleep(2)
11  driver.find_element_by_xpath('//*[@id="__layout"]/div/div[1]/div/div/form/div[1]/div/
div/input')
12  # 定位密码输入框
13  driver.find_element_by_xpath('//*[@id="__layout"]/div/div[1]/div/div/form/div[2]/div/
div/input')
14  # 定位"登录"按钮
15  driver.find_element_by_xpath('//*[@id="__layout"]/div/div[1]/div/div/form/button').
click()
16  sleep(2)
17  # 定位"搜索城市"输入框
18  driver.find_element_by_xpath('//*[@id="__layout"]/div/section/div[2]/div/div[2]/input').
send_keys("北京")
19  # 定位"搜索"按钮
20  driver.find_element_by_class_name("el-icon-search").click()
21  sleep(2)
22  # 将搜索到的结果截图保存
23  driver.get_screenshot_as_file("E:\\北京.png")
24  print("自动登录和自动搜索城市测试通过")
25  driver.quit()
```

上述代码中，第 6 行代码调用 maximize_window( )方法将浏览器窗口设置为最大化。

第 8 行代码首先调用 find_element_by_class_name( )方法定位"登录/注册"文本超链接，然后调用 click( )方法单击"登录/注册"文本超链接。

第 11~15 行代码通过调用 find_element_by_xpath( )方法分别定位用户名输入框、密码输入框和"登录"按钮。

第 10、16、21 行代码调用 sleep( )函数，让程序等待 2 秒后再执行后续代码。

第 23 行代码调用 get_screenshot_as_file( )方法将搜索到的结果进行截图，该方法中传递的参数 "E:\\北京.png"表示将截图保存在 E 盘，并且截图的名称为北京.png。

第 24 行代码调用 print( )函数将信息输出到控制台。

第 25 行代码调用 quit( )方法关闭浏览器窗口并退出浏览器驱动。需要说明的是，由于通过 WebDriver 驱动打开浏览器时，会在系统中产生一些临时文件，所以需要调用 quit( )方法，目的是让程序在完全退出浏览器的同时自动清除临时文件，减少临时文件对系统磁盘空间的占用。如果调用 close( )方法关闭浏览器窗口，则不会自动清除临时文件，容易造成系统卡顿。

运行文件 6-2，运行结果如图 6-18 所示。

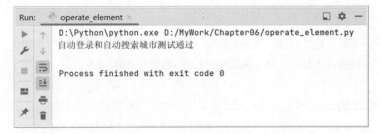

图6-18　文件6-2的运行结果

图 6-18 所示窗口中输出了"自动登录和自动搜索城市测试通过"，说明文件 6-2 中的自动化测试脚本执行通过。其中，生成的搜索结果截图如图 6-19 所示。

图6-19 搜索结果截图

6.5 自动化测试框架

在编写自动化测试脚本时，为了能够更好地组织、管理和执行软件项目中独立的测试用例，提高自动化测试脚本的可重用性和测试效率，需要在测试程序中使用自动化测试框架。

框架是用于承载一个系统基础要素的集合。自动化测试框架则是自动化测试软件系统时所用的框架。根据框架的定义，可以将自动化测试框架定义为由一个或多个自动化测试基础模块、自动化测试管理模块、自动化测试统计模块等组成的工具集合。在使用 Python 语言编写自动化测试脚本测试 Web 项目时，常用的 Python 自动化测试框架有 unittest、pytest、Robot Framework 等，这 3 种框架主要用于功能测试与单元测试。其中，unittest 和 pytest 是 Web 自动化测试中常用的 2 种框架，下面分别对 unittest 框架和 pytest 框架进行介绍。

1. unittest 框架

unittest 是 Python 标准库自带的一个单元测试框架，无须安装即可使用。该框架主要用于管理 Web 自动化测试程序中的测试用例。该框架不仅提供了丰富的断言方法，便于判断每个测试用例的执行是否成功，而且可以生成测试报告便于测试人员查看测试结果。

使用 unittest 框架时，首先通过 import 在程序中导入 unittest 模块，然后定义一个测试类继承 TestCase 类，在测试类中应至少有一个可执行的测试用例，该测试用例的名称必须以 test 开头。

使用 unittest 框架需要掌握 5 个基本要素，分别是 TestCase、TestSuite、TextTestRunner、TextTestResult 和 Fixture，关于这 5 个基本要素的介绍如下。

（1）TestCase

TestCase 表示测试用例，它是 unittest 框架提供的一个基类。当在程序中创建一个类继承 TestCase 时，该类中定义的每个测试方法都是一个测试用例，这些测试方法的名称必须以 test 开头。

（2）TestSuite

TestSuite 表示测试套件，每个测试套件中可以包含多个测试用例。在使用测试套件时，首先在程序中创建测试套件的对象，然后调用 addTest()方法将每个测试用例添加到测试套件的对象中，这样执行一个测试套件就可以执行该测试套件中存放的所有测试用例。

（3）TextTestRunner

TextTestRunner 表示测试执行器，用于执行测试用例或测试套件并返回测试结果。TextTestRunner 类是运行测试用例的驱动类，该类提供了 run( )方法来运行测试用例或测试套件。

（4）TextTestResult

TextTestResult 表示测试结果，它用于展示所有用例执行成功或失败的结果信息。当程序执行完测试用例或测试套件后，TextTestResult 会将测试结果输出到控制台中。

（5）Fixture

Fixture 表示测试固件，用于初始化或销毁测试环境。测试固件可以理解为在测试之前或之后需要做的一些操作。例如，在执行测试之前，需要打开浏览器、设置等待时间等；在测试结束之后，需要清理测试环境、关闭浏览器、退出浏览器驱动等。

Fixture 的控制级别分为方法级别、类级别和模块级别。

① Fixture 的方法级别是指在测试类中定义 setUp( )方法与 tearDown( )方法，这 2 个方法在每个测试用例被执行前后都会被调用。

② Fixture 的类级别是指在测试类中定义 setUpClass( )方法与 tearDownClass( )方法，在这 2 个方法上方都需要添加装饰器@classmethod，这 2 个方法在测试类运行前后都会被调用。

③ Fixture 的模块级别是指在模块中定义 setUpModule( )方法与 tearDownModule( )方法，这 2 个方法在模块运行前后都会被调用。

unittest 框架还提供了丰富的断言方法，常用的断言方法如下。

- assertTrue(expr)：该方法用于验证 expr 是否为真。
- assertEqual(first,second)：该方法用于验证 first 是否等于 second。
- assertIsNone(obj)：该方法用于验证 obj 是否为 None。
- assertIn(member,container)：该方法用于验证 container 中是否包含 member。

2. pytest 框架

pytest 是 Python 的第三方测试框架，它是 unittest 的扩展框架。相较于 unittest 框架，pytest 框架更加简洁、高效，它能够与主流的自动化测试工具 Selenium、Appium 和 requests 等结合使用，实现 Web、App 和接口自动化测试。

由于 pytest 框架不是 Python 自带的自动化测试框架，所以在使用前需要先安装。在计算机中打开命令提示符窗口，执行"pip install pytest"命令安装 pytest 框架，当按"Enter"键后，命令提示符窗口中会输出安装 pytest 框架的信息，如图 6-20 所示。

图6-20　命令提示符窗口

由图 6–20 可知，当最后一行输出 "Successfully installed pytest–6.2.5" 时，说明 pytest 框架安装成功，安装的版本为 6.2.5。

在使用 pytest 框架时，测试类的名称要以 Test 开头，测试方法或函数的名称要以 test 开头。与 unittest 框架的 Fixture 类似，pytest 框架中也有测试固件 Fixture，具体如下。

● 模块级别：Fixture 的模块级别是指在模块中定义 setup_module( )方法与 teardown_module( )方法，这 2 个方法分别在模块运行前后被调用，在整个模块运行中只执行一次，作用于模块中的测试用例。

● 函数级别：Fixture 的函数级别是指在模块中定义 setup_function( )方法与 teardown_function( )方法，这 2 个方法分别在函数运行前后被调用。

● 类级别：Fixture 的类级别是指在模块或类中定义 setup_class( )方法与 teardown_class( )方法，并在这 2 个方法上方添加装饰器@classmethod。setup_class( )方法与 teardown_class( )方法分别在类运行前后被调用，在类运行的过程中只执行一次，作用于类中的测试用例。

● 方法级别：Fixture 的方法级别是指在类中定义 setup_method( )方法或 setup( )方法、teardown_method( )方法或 teardown( )方法，它们分别在测试方法运行前后被调用，在每个测试方法运行的过程中只执行一次，作用于类中的所有测试方法。

pytest 框架没有提供断言方法，而是直接使用 Python 中的 assert 关键字与表达式结合进行断言，pytest 框架中常用的断言表达式如下。

● assert a == b：用于判断 a 是否等于 b。

● assert a != b：用于判断 a 是否不等于 b。

● assert a：用于判断 a 是否为真。

● assert a in b：用于判断 b 是否包含 a。

● assert a > b：用于判断 a 是否大于 b。

为了让读者掌握 unittest 框架和 pytest 框架的基本使用方法，下面分别在 Chapter06 程序中创建 test_sum.py 和 test_add.py 文件。在 test_sum.py 文件中，使用 unittest 框架测试定义的函数 my_sum( )是否为求和函数，具体代码如文件 6–3 所示。

【文件 6-3】 test_sum.py

```
1   import unittest
2   def my_sum(a, b):
3       return a + b
4   class MyTest(unittest.TestCase):
5       def test_sum(self):
6           result = my_sum(2, 3)
7           self.assertEqual(result, 5)
```

在上述代码中，第 2 ～ 3 行代码定义一个求和函数 my_sum( )，该函数的返回值是两个数的和。

第 4 ～ 7 行代码创建一个 MyTest 类继承 TestCase 类，该类就是一个测试类。

第 5 ～ 7 行代码定义一个 test_sum( )方法，该方法用于测试 my_sum( )函数是否为求和函数。test_sum( )方法就是一个测试用例。

第 6 行代码调用 my_sum( )函数求 2 与 3 的和，并将得出的和赋值给变量 result。

第 7 行代码调用 assertEqual( )断言方法，用于判断变量 result 的值是否为 5，如果为 5，则说明函数 my_sum( )为求和函数，否则函数 my_sum( )不是求和函数。assertEqual( )方法中的参数 result 是 my_sum( )函数被调用后的返回值，参数 5 是程序的预期值。

运行文件 6–3，运行结果如图 6–21 所示。

图6-21　文件6-3的运行结果

由图 6-21 可知，控制台中输出了 "Ran 1 test in 0.002s" 与 "OK"，其中 "Ran 1 test in 0.002s" 表示运行了一个测试用例，运行时间为 0.002 秒，"OK" 表示测试用例运行成功，此时说明函数 my_sum( ) 是求和函数。

下面在 test_add.py 文件中使用 pytest 框架测试定义的函数 add( ) 是否为求和函数，具体代码如文件 6-4 所示。

【文件 6-4】　test_add.py

```
1  def add(a, b):
2      return a + b
3  class TestAdd:
4      def test_add(self, result = 5):
5          assert result == add(2, 3)
```

在上述代码中，第 1 ～ 2 行代码定义一个求和函数 add( )，该函数用于求函数中传递的参数 a 与参数 b 的和。

第 3 ～ 5 行代码定义一个测试类 TestAdd，其中第 4 ～ 5 行代码定义一个 test_add( ) 方法用于测试函数 add( ) 是否为求和函数。

第 5 行代码使用 assert 关键字判断变量 result 的值是否与求和函数 add( ) 中 2 个数值的和相等。

运行文件 6-4，运行结果如图 6-22 所示。

图6-22　文件6-4的运行结果

图 6-22 中输出了 "1 passed in 0.01s"，表示成功运行一个测试用例，运行时间为 0.01 秒，说明 add( ) 是一个求和函数。

多学一招：在 PyCharm 中配置 pytest 运行环境

由于 unittest 是 Python 标准库自带的一个单元测试框架，所以在 PyCharm 中运行程序时，默认使用的是 unittest 框架。在编写自动化测试代码时，如果使用了 pytest 框架，则在运行程序前需要在 PyCharm 中配置 pytest 运行环境，否则运行程序时会报错。下面介绍在 PyCharm 中配置 pytest 运行环境的具体操作过程。

首先单击 PyCharm 菜单栏中的 "File"，会弹出一个下拉菜单，如图 6-23 所示。

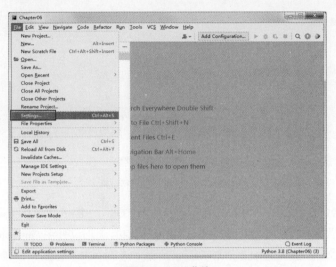

图6-23　下拉菜单

在图6-23所示界面中，单击"Settings..."选项会弹出"Settings"对话框，如图6-24所示。

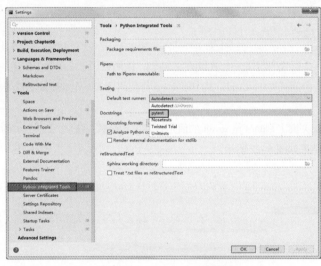

图6-24　"Settings"对话框

在图6-24所示界面中，首先单击左侧"Tools"下方的"Python Integrated Tools"，然后在右侧单击"Default test runner"后方的图标"⌄"，会弹出一个列表，单击该列表中的"pytest"选项，最后单击"OK"按钮即可成功配置pytest的运行环境。

6.6　实例：学成在线教育平台测试

前面主要讲解了Web自动化测试的基础知识，为了让读者掌握Web自动化测试脚本的编写，本节通过测试学成在线教育平台演示Web自动化测试的过程。

6.6.1　测试环境准备

在进行Web自动化测试之前，首先需要搭建测试环境，本实例的测试环境准备可扫描二维码进行查看。

6-1　测试环境准备

6.6.2　定位学成在线教育平台首页元素

当测试环境搭建完成之后，即可对学成在线教育平台进行自动化测试。在进行 Web 自动化测试之前，需要测试人员掌握 HTML 的基础知识和一门编程语言，例如 Python 语言、Java 语言等（本实例使用 Pyhton 语言来实现）。下面主要介绍 Web 页面元素定位的 2 种方式，第 1 种方式是使用浏览器自带的开发者工具进行定位；第 2 种方式是使用浏览器插件 Katalon Recorder 进行定位，具体内容可扫描下方二维码进行查看。

6-2　使用2种方式定位学成在线教育平台的首页元素

6.6.3　测试登录和退出功能

下面以测试学成在线教育平台的登录和退出功能为例，讲解 Web 自动化测试，具体内容可扫描下方二维码进行查看。

6-3　测试登录和退出功能

6.6.4　测试页面跳转功能

在 6.6.3 小节中讲解了如何测试学成在线教育平台的登录功能和退出功能，除此之外，页面之间跳转的功能也是 Web 自动化测试的重要测试内容。下面以学成在线教育平台的首页、课程页面和注册页面之间的跳转为例进行讲解，具体内容可扫描下方二维码进行查看。

6-4　测试首页、课程页面和注册页面之间的跳转

6.7　本章小结

　　本章主要讲解了 Web 自动化测试，首先介绍了自动化测试及其常见技术和自动化测试环境的搭建，然后介绍了 Selenium 工具的基本应用和自动化测试框架，最后以测试学成在线教育平台为例，讲解了 Web 自动化测试。通过本章的学习，读者能够掌握 Web 自动化测试的基础知识，为后续对 Web 项目进行自动化测试奠定基础。

6.8　本章习题

一、填空题

1. 在自动化测试中，常见的技术有_____、脚本技术和数据驱动技术。

2. 金字塔策略要求自动化测试从_____、接口测试、单元测试这 3 个不同类型、级别的测试进行。

3. 常见的脚本技术有线性脚本、结构化脚本和_____。

4. 在 unittest 框架的基本要素中，_____表示测试用例。

5. 在 pytest 框架中可以使用_____关键字与表达式进行断言。

6. _____表示测试固件，用于对测试环境的_____和销毁。

二、判断题

1. 自动化测试能够完成人工测试无法完成的测试场景。（　　　）

2. 软件在升级或者功能发生改变之后不需要进行回归测试，只需要测试改变的部分。（　　　）

3. 自动化测试可以达到 100% 的覆盖率。（　　　）

4. 自动化测试无须人工手动执行，完全由自动化测试工具完成。（　　　）

5. 自动化测试可以提高测试效率，却无法保证测试的有效性。（　　　）

6. pytest 框架是 Python 标准库自带的一个单元测试框架。（　　　）

三、单选题

1. 下列选项中，关于单元测试、接口测试和 UI 测试的描述错误的是（　　　）。

A. 单元测试主要测试的是函数功能、接口

B. 在单元测试中主要使用白盒测试方法

C. 接口测试中使用白盒测试和黑盒测试结合的方法进行测试

D. UI 测试中不能修改界面布局

2. 下列选项中，不属于自动化测试缺点的是（　　　）。

A. 自动化测试对测试团队的技术有更高的要求

B. 自动化测试对于迭代较快的产品来说时间成本高

C. 自动化测试具有一致性和重复性的特点

D. 自动化测试脚本需要进行开发，并且自动化测试中错误的测试用例会浪费资源

3. 下列选项中，不属于脚本技术的是（　　　）。

A. 线性脚本　　　　　　　　B. 结构化脚本　　　　　　　　C. 回归脚本　　　　　　　　D. 共享脚本

4. 下列选项中，关于 Selenium 元素定位的方法说法错误的是（　　　）。

A. find_element_by_id(name)方法表示通过元素 name 的属性值定位元素

B. find_element_by_name(name)方法表示通过元素 name 的属性值定位元素

C. 通过 CSS 选择器定位元素时调用 find_element_by_css_selector( )方法

D. 通过超链接的全部文本信息定位元素时调用 find_element_by_partial_link_text( )方法

5. 下列选项中，用于输入操作的方法是（　　　）。

A. click( )　　　　　　B. submit( )　　　　　　C. send_keys( )　　　　　　D. clear( )

6. 下列关于自动化测试的描述正确的是（　　　）。

A. 自动化测试能够很好地进行回归测试，从而缩短回归测试时间

B. 自动化测试脚本不需要维护，每次测试完成后进行下一次测试需要重新编写测试用例

C. 自动化测试中只需要掌握自动化测试工具即可

D. 自动化测试中测试人员仅仅测试负责的模块，不需要考虑其他干扰因素

7. 下列选项中，属于 pytest 框架中 Fixture 类级别的初始化方法的是（　　　）。

A. setup_method( )　　　B. setup_class( )　　　　C. setup_function( )　　　　D. setup_module( )

四、简答题

1. 请简述自动化测试需要满足的条件。

2. 请简述自动化测试的优缺点。

第7章

App测试

学习目标

★ 了解 App 测试，能够描述 App 测试与 PC 端软件测试的区别

★ 了解 App 的 UI 测试，能够描述 UI 测试的 3 个要点

★ 了解 App 功能测试，能够描述 App 功能测试的 6 个要点

★ 了解 App 专项测试，能够描述 App 专项测试的 6 个要点

★ 了解 App 性能测试，能够描述 App 性能测试的 4 个要点

★ 了解 App 兼容性测试，能够描述 App 兼容性测试的 5 个要点

★ 掌握 App 测试环境的搭建方式，能够独立下载和安装 Android SDK、模拟器、Appium 和 Appium-Python-Client 库

★ 掌握 Appium 元素定位的方法，能够使用 Appium 定位 App 界面中的元素

★ 掌握 Appium 元素操作的方法，能够使用 Appium 操作 App 界面中的元素

★ 掌握 Appium 手势操作的方法，能够对 App 界面中的元素进行手势操作

★ 掌握通过 Appium 测试 App 的方法，能够使用 Appium 测试"学车不"App

移动设备因其具有智能性、互动性等特点被广泛应用于人们的日常生活。随着移动设备的普及，越来越多的 App 诞生，例如美团、百度地图、抖音等，这些 App 只需要安装在移动设备上就能随时随地使用。由于移动设备的使用环境比较复杂，所以 App 在正式上线前都需要进行测试，如果没有经过测试就直接上线，可能会出现一系列问题，例如用户信息的泄露、App 的崩溃、App 在使用过程中经常卡顿等。这些问题不但会增加 App 的维护成本，而且会影响用户的使用体验。由此可见，App 的质量保证离不开测试。本章将对 App 测试的相关知识进行讲解。

7.1 App 测试概述

App（Application，应用程序）是指安装在手机、平板电脑等移动设备上的软件。由于 App 缺陷而导致的事故时有发生，所以 App 测试至关重要。本节主要讲解 App 测试，包括 App 的特性、App 测试与 PC 端软件测试的区别。

1. App 的特性

App 与传统的 PC（Personal Computer，个人计算机）端软件相比，具有 3 个特性，具体如下。

（1）设备多样性

传统的 PC 端软件都是安装在计算机中的，而可以安装 App 的设备比较多，例如手机、平板电脑、智能手表等，这些设备轻巧便携，满足了用户对移动生活、工作的强烈需求。

（2）网络多样性

传统的 PC 端软件一般都是通过计算机连接有线网络进行使用的，虽然现代的计算机也可以连接无线网络，但是这些网络都是比较稳定的。App 通过移动设备连接移动通信网络或无线网络进行使用，例如 3G、4G、5G、Wi-Fi。相对于计算机连接的网络，移动设备连接的网络具有不稳定性，而且可能会随时切换，例如，当信号不好时，由 5G 网络切换到 4G 网络；离开一个环境后，网络由 Wi-Fi 切换到移动通信网络（3G、4G、5G 等）。

（3）平台多样性

传统的 PC 端软件所依赖的平台主要有 Windows、macOS、Linux 等，种类相对较少，而 App 所依赖的平台则有很多种，例如 iOS、Android、Windows Phone、BlackBerry 等，其中使用较多的平台是 iOS 和 Android。后续介绍的 App 测试主要针对的是 iOS 和 Android 平台。

2. App 测试与 PC 端软件测试的区别

无论是 App 测试还是 PC 端软件测试，都离不开测试的基础知识，它们测试的流程和方法基本相同。例如，App 测试和 PC 端软件测试都需要检查界面的布局，它们可以使用同样的测试方法设计测试用例，例如边界值分析法、等价类划分法等。

由于 App 主要安装在移动设备上，所以它与 PC 端软件在开发、测试方面都有所不同。由于本书主要讲解的是软件测试，所以下面主要介绍 App 与 PC 端软件在测试方面的区别，主要有以下 4 点。

（1）页面布局不同

对于 PC 端软件，计算机设备屏幕比较大，可以同时显示很多信息，用户可以快速看到屏幕上显示的所有信息，页面布局比较灵活。但是对于 App，移动设备屏幕小，显示的信息有限，在测试时需要考虑布局是否合理。此外，在测试时还需要考虑移动设备是横屏的还是竖屏的，以及当移动设备在横屏和竖屏之间切换时，屏幕上信息显示是否符合用户需求。

（2）使用场合不同

PC 端软件的使用地点比较固定，网络信号相对也比较稳定；而 App 的使用地点不固定，网络信号相对也不稳定，测试时需要考虑网络信号较差的情况下 App 的使用情况。此外，还要考虑在移动设备电量不足的情况下 App 是否能正常使用。

（3）输入方法不同

PC 端软件大多使用键盘和鼠标进行输入，App 在移动设备上使用时，输入方法比较多，例如触屏、电容笔、语音等。App 测试时需要测试多种输入方法是否都能正常使用。

（4）操作方式不同

PC 端软件使用鼠标可以精确操作，而 App 在移动设备上使用时大多是触屏操作，点击时误差较大，且不支持鼠标指针悬停事件。

▌▌▌多学一招：App 测试的流程

App 测试的流程与 PC 端软件测试的流程大体相同，在测试之前都需要分析需求，然后制定测试计划、编写测试用例等。相对于 PC 端软件测试，在 App 测试的过程中，测试人员除了要考虑基本的功能测试、性能测试外，还要考虑 App 本身固有的属性特征以展开专项测试，例如，用户在使用 App 时，会对 App 进行安装、卸载或升级操作等，因此在测试具体实施细节上也与 PC 端软件测试并不相同。App 测试的流程通常包括 7 个环节，具体如下。

- 接收测试版本：由开发人员提交给测试人员。
- App 版本测试：主要检查 App 开发阶段对应的测试版本和正式版本是否满足预期需求。
- UI 测试：检查 App 界面是否与需求设计的效果一致。
- 功能测试：核对项目需求文档，测试 App 功能是否满足用户需求。
- 专项测试：对 App 的安装、卸载、升级等进行专项测试。
- 正式环境测试：模拟实际使用环境进行测试。
- 上线准备：测试通过后，对测试结果进行总结分析，为 App 上线做准备。

7.2 App 测试要点

App 测试的内容比较多，主要测试要点有 UI 测试、功能测试、专项测试、性能测试和兼容性测试，其中专项测试是 App 专有的测试，其余测试要点与 PC 端软件测试的类似。本节将对 App 测试的要点进行详细讲解。

7.2.1 UI 测试

App 的 UI 测试主要测试 App 的用户界面（如窗口、菜单、对话框等）的布局风格是否满足用户要求，文字表达是否简洁准确、界面是否美观、操作是否简便等。UI 测试的目的是为用户提供相应的访问或浏览功能，确保用户界面符合公司或行业的标准，保证用户界面的友好性、易操作性等。

关于 App 的 UI 测试的 3 个要点介绍如下。

1. 导航测试

由于移动设备屏幕窄小，显示信息有限，所以 App 界面的导航尤其重要。在进行导航测试时，通常需要考虑以下 4 点。

（1）App 功能界面之间是否有按钮和窗口导航。

（2）导航布局合理且直观，符合用户习惯。

（3）导航帮助是否准确，是否需要搜索引擎。

（4）导航与 App 界面结构、菜单、风格是否一致。

2. 图形测试

图形测试的内容包括图片、边框、颜色、按钮等，要确保每一个图形都有明确用途。在进行图形测试时，通常需要考虑以下 5 点。

（1）图片质量高，尺寸符合设计要求，能够显示清晰。

（2）界面字体与标签风格一致。

（3）背景、字体、图片颜色搭配得当，整体使用颜色不宜过多，让用户视觉体验良好。

（4）界面中横向与竖向的控件操作方式统一。

（5）使用自适应界面设计，界面展示的内容根据窗口大小自适应。

3. 内容测试

内容测试主要测试文字的使用情况，通常需要考虑以下 5 点。

（1）文字是否表达准确，例如，输入框或提示框中的说明文字是否对应当前的功能。

（2）文字是否有错别字。

（3）文字用语是否简洁、友好，是否存在表意不明。

（4）文字是否有敏感性词汇。

（5）文字长度是否有限制。

7.2.2 功能测试

App 功能测试主要根据软件需求说明验证 App 的功能是否得到了正确的实现。App 功能测试要点包括注册、登录、运行、切换、推送和更新，其中切换包括后台切换、删除进程和锁屏，如图 7-1 所示。

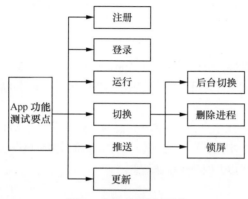

图7-1　App功能测试要点

图 7-1 中列举了 6 个 App 功能测试要点，下面分别展开介绍。

1. 注册

在测试App 的注册功能时，测试人员需要根据软件需求说明，测试用户的注册信息是否符合规范，例如用户名、密码、手机号码等是否符合规范。此外，还需要测试用户注册成功或失败时，App 是否给出相关提示信息。

2. 登录

在测试 App 的登录功能时，通常测试以下 4 点。

（1）登录方式

登录方式有很多种，例如用户名与密码登录、短信验证登录、手势登录、人脸识别登录、指纹登录、第三方（如 QQ、微信）登录等，具体的测试实施过程，需要测试人员根据软件需求说明设计测试用例后再展开。

（2）切换账号登录

当切换账号登录时，测试登录的信息是否及时更新。

（3）多平台登录

有一些 App 可以同时在移动端和 PC 端登录，在测试多平台同时登录时，需要关注 App 是否允许登录、是否给出提示信息、是否及时看到数据的更新等。

（4）超时登录

当用户登录的持续时间太长时，账号信息会在一定时间内过期。在超时登录的情况下，测试 App 是否给出提示信息。

3. 运行

App 运行测试包括测试在不同网络环境下，运行 App 是否正常；在不同系统环境下，运行 App 是否正常；强行关闭 App 后，再次运行 App 是否正常；在运行过程中，如果有来电、短信等通信中断，App 是否能暂停运行，优先处理通信，并在处理完后正常恢复运行。

4. 切换

App 的切换测试主要包括后台切换、删除进程和锁屏这 3 项，具体介绍如下。

（1）后台切换

当移动设备同时运行多个 App 时，在多个 App 之间进行切换，要确保再次切换回来时 App 还保持在原来的界面上。

（2）删除进程

测试从后台直接删除进程后，再次打开 App 时 App 的界面功能是否符合概要设计描述，同时测试删除进程时是否将 App 建立的会话一起删除。

（3）锁屏

锁屏包括手动锁屏和自动锁屏。测试锁屏之后 App 的响应是否符合概要设计描述，例如再次打开 App 时，它还保持显示锁屏前的界面，并且可以继续使用；当锁屏达到一定时间后，就自动退出 App。

5. 推送

使用计算机时经常会收到推送信息，这些推送信息通常是由系统或软件推送的。在移动设备中，很多 App 也会发送推送消息，例如支付宝推送一个红包、今日头条推送实时热点新闻等。在对 App 进行测试时也需要测试推送功能，确保用户可以及时收到推送信息。

6. 更新

通常App 的更新测试主要从旧功能和新需求这两个方面展开，即确保旧功能可以正常使用的同时，还需要实现新需求。当 App 有新版本时，测试 App 是否有更新提示，如果进行更新操作，则需要对 App 更新后的功能展开测试，确保 App 更新后的功能可以正常使用。如果取消更新，则需要确保旧版本的 App 也能正常使用，并且在下次运行 App 时，仍然出现更新提示。

7.2.3 专项测试

App 专项测试包括安装测试、卸载测试、升级测试、交互性测试、弱网测试、耗电量测试等，下面分别对这 6 个专项测试要点进行介绍。

1. 安装测试

App 的安装方式与 PC 端软件的安装方式稍有不同，App 安装测试要考虑 App 来源、对移动设备的兼容性等，具体如下。

（1）App 的安装渠道比较多，例如谷歌应用商店（Google Play）、应用宝等，甚至可以通过扫码安装。对于多渠道的安装方式，在测试时应对每个渠道都进行测试，以确保通过每个渠道都能正常安装 App。对于已经安装的 App，如果再次安装，需要弹出已安装或更新的提示，而不是产生冲突。

（2）移动设备的种类比较多，例如一个品牌的手机会有不同的系列，每个系列也会有多个型号。此外，App 所依赖的平台也比较多，在测试时要考虑 App 对不同手机、不同平台的兼容性。

（3）App 在安装过程中是否可以取消安装，如果可以取消安装，应确保取消安装的处理与 App 概要设计描述一致。例如，如果 App 概要设计描述取消安装的处理过程为"取消安装并进行回滚处理，将已经安装的文件全部删除"，那么在实际取消安装时也必须如此处理。

（4）如果安装过程中出现意外情况，例如死机、重启、电量耗尽关机等，App 安装的处理要与 App 概要设计描述一致。例如，如果 App 概要设计描述安装过程出现意外情况的处理过程为"安装过程中电量耗尽关机，安装中断，当再次开机时继续安装"，那么在实际安装过程中也必须如此处理。

（5）如果移动设备空间不足，要确保有相应提示。例如，当剩下 100MB 空间时，要安装一个 200MB 的 App，有的 App 直接提示空间不足，无法安装；有的 App 会先安装，待空间用尽时再提示。

（6）App 安装过程中要进行 UI 测试，例如在安装过程中给用户提供进度条提示。

（7）App 安装完成之后，测试其是否能正常运行，检查安装后的文件夹及文件是否写入指定目录。

2. 卸载测试

App 卸载测试的要点主要有以下 5 点。

（1）卸载时，有卸载提示信息。

（2）App 在卸载过程中是否支持取消卸载，如果支持取消卸载，要确保取消卸载的处理与 App 概要设计描述一致。

（3）App 卸载的过程中如果出现意外情况，例如死机、重启、电量耗尽关机等，要有相应的处理措施。如进行回滚，当再次开机时需要重新卸载；中断卸载，当再次开机时继续卸载；启动后台进程守护卸载，当再次开机时提示卸载完成。

（4）App 卸载过程要进行 UI 测试，例如在卸载过程中给用户提供进度条提示。

（5）卸载完成后，关于App 相应的安装文件是否要全部删除，应当给用户提供提示信息，提示相应文件全部删除或者让用户自己选择是否删除。

3. 升级测试

升级测试是在已安装 App 的基础上进行的，测试要点有以下 4 点。

（1）如果有新版本升级，打开 App 时要有相应提示。

（2）升级包下载中断时要有相应处理措施，支持继续下载或者重新下载。

（3）App 安装渠道有多种，相应的升级渠道也有多种，要对多渠道升级进行测试，确保每个渠道的升级都能顺利完成。

（4）测试不同操作系统版本中的 App 升级是否都能通过。

4. 交互性测试

移动设备通常都有电话、短信、蓝牙等软件，App 在使用时难免会受到干扰。例如，在使用 App 的过程中，如果需要拨打电话，接听电话，启动蓝牙、相机、手电筒等，App 要做好相应的处理措施，确保自身不会产生功能性错误。

5. 弱网测试

App 在移动设备上使用时，通常需要连接移动网络，由于移动网络的情况复杂多变，网络信号会受到环境的影响，所以容易出现网络不稳定的情况。然而很多App 的一些隐藏问题只有在复杂的网络环境下才会显现出来。例如，正在使用的App 遇到网络信号切换或变弱时，不能响应或产生功能性错误，在测试时要特别对 App 进行弱网测试，尽早发现问题。

6. 耗电量测试

移动设备的电量有限一直是困扰用户的一个问题，同时也是移动设备发展的一个瓶颈。如果 App 架构设计不好，或者代码有缺陷，就可能导致电量消耗比较大，因此 App 耗电量测试也很重要。如果 App 耗电量较大，应改进 App，使其在电量不足的情况下释放掉一部分性能以节省电量。

7.2.4　性能测试

App 性能测试主要测试 App 在边界、压力等极端条件下运行是否能满足用户需求，例如，在电量不足、访问量增大等情况下 App 运行是否正常。下面介绍 App 性能测试的要点。

1. 边界测试

在各种边界压力下，例如电量不足、存储空间不足、网络不稳定时，测试App是否能正确响应和正常运行。

2. 压力测试

对App不断施加压力，例如不断增加负载、不断增大数据吞吐量等，以确定App的性能瓶颈，获得App能提供的最强性能，确定App性能是否满足用户需求。

3. 响应能力测试

响应能力测试实质上也是一种压力测试，即测试在一定条件下App是否可以正确响应，以及响应时间是否满足用户需求。

4. 耗能测试

测试App运行时对移动设备的资源占用情况，包括内存、CPU使用率等，在App耗能测试时需要验证App在长期运行时的耗电量是否满足用户需求。

7.2.5 兼容性测试

兼容性是指软件之间、硬件之间或软硬件组合系统之间相互协调工作的程度。对于App的兼容性，如果某个App能够稳定地工作在若干个操作系统中，并且不会出现频繁崩溃、意外退出等问题，则说明App的兼容性比较好。

随着App应用的范围越来越大，用户群体逐渐增多，用户使用的移动设备型号也越来越多，这使得App兼容性测试成为App质量保证必须要考虑的测试要点。兼容性测试的目的是提高App产品的质量，尽可能使App产品达到平台无关性，使App产品的市场更广阔。通常App兼容性测试的要点主要有系统、屏幕分辨率、屏幕尺寸、网络和品牌，具体介绍如下。

1. 系统兼容性测试

App系统兼容性测试主要涉及Android和iOS，其中Android系统又分为8.0、9.0、10.0等版本；iOS又分为12.0、13.0、14.0等版本。由于不同的系统版本有不同的特征，所以在不同的系统上使用App时都有可能产生各种各样的兼容问题，例如，某一款App在Android系统上能够正常安装和使用，而在iOS上却无法安装和使用，所以在进行App兼容性测试时需要覆盖系统兼容。

2. 屏幕分辨率兼容性测试

目前手机的屏幕种类很多，常见的有全面屏、刘海屏、水滴屏、折叠屏等，不同的手机屏幕的分辨率也有所不同。在不同分辨率的设备上使用App时，呈现的界面效果也会有所差异。如果没有适配不同手机的屏幕分辨率，则可能会影响用户的使用体验。例如，在分辨率为1920像素×1080像素的屏幕中显示的App界面样式清晰美观，满足用户的使用需求，而在1280像素×720像素的分辨率的屏幕中可能出现App界面样式显示不全、图片模糊等问题，所以在进行App兼容性测试时需要在不同分辨率的设备上测试，并观察用户界面的效果。

3. 屏幕尺寸兼容性测试

在分辨率相同但屏幕尺寸不同的移动设备上使用App时，容易出现图片显示不完整、字体大小不一致等问题，因此需要测试屏幕尺寸的兼容性。

4. 网络兼容性测试

很多App的使用需要连接网络，在测试网络兼容性时要保证网络环境能够全部覆盖，例如Wi-Fi、2G、3G、4G、5G，同时需要考虑电信、移动、联通等运营商的网络环境。在切换网络环境时，测试App能否兼容不同的网络环境。

5. 品牌兼容性测试

App 在不同品牌的移动设备上使用时，也可能出现缺陷，常见的移动设备品牌有华为、小米、三星、OPPO、vivo、荣耀等。由于不同品牌的移动设备在运行速度、软件兼容性方面有区别，所以需要测试 App 是否可以在不同品牌的移动设备上使用。

多学一招：第三方测试平台

App 可以使用第三方测试平台进行测试，第三方测试平台（如阿里 EasyTest、华为云测、贯众云测试等）提供了全面、专业的测试服务，用户可选择品牌机型、操作系统版本、性能测试、功能测试等，极大地提高了 App 测试效率。

7.3　搭建 App 测试环境

随着市场需求的增多和移动设备的快速发展，App 的功能越来越复杂，App 测试的范围也越来越广，需要大量的人力和物力，不但耗时，而且测试过程复杂。本书主要介绍通过测试工具对 App 的功能进行自动化测试，在测试 App 的功能之前，需要先搭建 App 的测试环境，包括下载 Android SDK、安装 Android 模拟器、配置 Android 环境变量、安装 Appium 与 Appium–Python–Client 库等。本节将对 App 测试环境的搭建进行详细讲解。

7.3.1　安装 JDK 与 Android SDK

由于本书测试的 App 是基于 Android 系统开发的，使用的编程语言是 Java，所以在运行或测试 App 时需要使用 Java 环境，搭建 Java 环境也就是安装 JDK。在测试 App 的过程中，还需要定位 App 界面元素，此时需要使用 Android SDK 中的 uiautomatorviewer 工具，所以还需要安装 Android SDK。下面介绍 JDK 与 Android SDK 的安装。

（1）安装 JDK

JDK 是 Java 语言的软件开发工具包，在 5.2.1 小节中已经介绍过安装过程，此处不再赘述。

（2）安装 Android SDK

安装 Android SDK 其实就是下载 Android SDK，下载的是一个压缩文件，解压该文件可直接使用里面的 uiautomatorviewer 工具。本书使用的 Android SDK 压缩文件可在提供的教材资源中获取。

7.3.2　安装 Android 模拟器

当测试 Android 系统的 App 时，需要将 App 运行在 Android 模拟器或 Android 系统的其他设备上，然后测试 App 中的各项功能是否会出现缺陷。本书以第三方的雷电模拟器为例，讲解如何测试 App，该模拟器的安装步骤比较简单，没有复杂的操作，直接单击"下一步"按钮就可以完成安装，所以此处不详细描述雷电模拟器的安装步骤。雷电模拟器的安装包可以在提供的教材资源中获取。

7.3.3　配置 Android 环境变量

当测试 Android 系统的 App 时，有时需要使用 adb 命令获取 App 的包名和界面名，所以需要配置 Android 环境变量，配置完成后，才可以使用 adb 命令。配置 Android 环境变量的具体步骤如下。

（1）配置 Android 环境变量 ANDROID_HOME

选中桌面上的计算机，右键单击选择"属性"选项，会弹出"系统"窗口，在该窗口中选择"高级系统设置"，会弹出"系统属性"对话框。在该对话框中单击"环境变量"按钮，会弹出"环境变量"对话框，在"环境变量"对话框的"系统变量"下方，单击"新建"按钮，会弹出"新建系统变量"对话框，在该对话框中设置系统变量的变量名和变量值，如图7-2所示。

在图7-2所示对话框中，将"变量名"设置为"ANDROID_HOME"，将"变量值"设置为Android SDK所在的安装路径（本书中的SDK路径为"E:\sdk"），单击"确定"按钮即可完成ANDROID_HOME环境变量的配置。

（2）配置Android环境变量Path

首先将Android SDK解压后的platform-tools和tools文件夹的路径添加到系统环境变量Path中。在"环境变量"对话框中的"系统变量"下方找到名为Path的环境变量，单击"编辑"按钮，会弹出"编辑系统变量"对话框，在该对话框中编辑Path变量的值，如图7-3所示。

图7-2 "新建系统变量"对话框

图7-3 "编辑系统变量"对话框

在图7-3所示对话框中，在变量值后面的输入框中添加";%ANDROID_HOME%\platform-tools;%ANDROID_HOME%\tools;"，单击"确定"按钮即可完成Path环境变量的配置。

下面验证Android环境变量是否配置成功。在键盘上按"Windows+R"快捷键，会弹出"运行"对话框，在该对话框中输入"cmd"，并按"Enter"键，会弹出命令提示符窗口，在该窗口中输入"adb version"，并按"Enter"键，此时命令提示符窗口如图7-4所示。

图7-4 命令提示符窗口（1）

由图7-4可知，运行完"adb version"命令后，命令提示符窗口中显示了Android Debug Bridge（安卓调试桥，ADB）的版本信息，说明Android的环境变量配置成功。

至此，Android的环境变量已配置完成。

▍▍▍多学一招: ADB 调试工具

ADB是一个用于管理Android设备（如模拟器、手机等）的调试工具，位于Android SDK安装目录下的platform-tools文件夹中。当配置完Android的环境变量后，可以直接在命令提示符窗口中使用adb命令对Android设备进行操作或获取设备上安装的App的信息，例如，在设备上安装App、卸载App、连接某个设备、获取App的包名和界面名等信息。

在进行App测试时经常会使用一些adb命令来启动或停止ADB服务器、获取App的日志信息、连接或断开Android设备等。下面列举一些常用的adb命令，如表7-1所示。

表 7-1　常用的 adb 命令

adb 命令	说明
adb start-server	启动 ADB 服务器
adb kill-server	停止 ADB 服务器
adb devices	查看设备名称
adb logcat	获取日志信息
adb connect IP 地址	连接某个设备
adb install apk 的文件路径	安装 App
adb uninstall App 的包名	卸载 App
adb --help	查看 adb 命令的帮助
adb shell dumpsys window windows | findstr mFocusedApp	获取 App 的包名和界面名
adb shell dumpsys activity | find "mFocusedActivity"	获取 App 的包名和界面名

下面以获取雷电模拟器中"通讯录"App 的包名和界面名为例，演示 adb 命令的使用。首先打开雷电模拟器，然后在该模拟器中找到"通讯录"App，双击该 App 进入通讯录界面，如图 7-5 所示。

在图 7-5 所示界面中不需要进行任何操作，保持该界面正常启动即可。如果不启动该界面，则无法通过 adb 命令获取"通讯录"App 的包名和界面名。

打开计算机中的命令提示符窗口，执行如下命令。

```
adb shell dumpsys window windows | findstr mFocusedApp
```

或者

```
adb shell dumpsys activity | find "mFocusedActivity"
```

执行上述命令后，结果如图 7-6 所示。

图7-5　通讯录界面

图7-6　命令提示符窗口（2）

由图 7-6 可知，使用上述命令成功获取了"通讯录"App 的包名和界面名，其中包名为 com.android.contacts，界面名为 .activities.PeopleActivity。

7.3.4 uiautomatorviewer 工具的简单使用

uiautomatorviewer 是 Android SDK 自带的一个元素定位工具，位于 Android SDK 目录下的 tools\bin 子目录中，它可以扫描并分析 App 中的界面控件信息，例如，查看 App 的界面布局、组件、属性等信息。下面介绍如何使用 uiautomatorviewer 工具定位 App 界面元素。

首先进入 Android SDK 目录下的 tools\bin 子目录，然后双击 uiautomatorviewer.bat 文件，启动 uiautomatorviewer 工具。在启动该工具时会出现一个命令提示符窗口和 UI Automator Viewer 窗口，如图 7-7 和图 7-8 所示。

图 7-7 中，命令提示符窗口中输出了 "*daemon started successfully"，表示 uiautomatorviewer 工具启动成功。需要注意的是，在使用 uiautomatorviewer 工具的过程中不能关闭命令提示符窗口，如果关闭该窗口，则 UI Automator Viewer 窗口也会自动关闭，uiautomatorviewer 工具将不能继续使用。

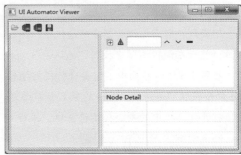

图7-7　命令提示符窗口（3）　　　　　　　　　图7-8　UI Automator Viewer窗口

图 7-8 所示窗口的左上方有 4 个图标，从左到右的功能依次是打开已保存的布局图片、获取详细布局信息、获取简洁布局信息和保存布局。在 App 测试的过程中，通常会单击左上方的第 2 个图标 "⬚" 以获取 App 的详细界面布局信息。

下面使用 uiautomatorviewer 工具获取雷电模拟器中 "设置" App 的界面布局信息。首先启动雷电模拟器，打开该模拟器中的 "设置" App，然后启动 uiautomatorviewer 工具，并单击 UI Automator Viewer 窗口左上方的第 2 个图标 "⬚"，此时即可获取 "设置" App 的界面布局信息，如图 7-9 所示。

图7-9　"设置"App的界面布局信息

在图 7-9 所示窗口中，左侧为雷电模拟器中"设置"App 的界面，单击该界面中的搜索图标""，在 UI Automator Viewer 窗口右侧将显示搜索图标的布局信息，例如 class 的值为 android.widget.TextView、package 的值为 com.android.settings。

7.3.5　安装 Appium 与 Appium-Python-Client 库

Appium 是一个开源的、跨平台的移动端自动化测试工具，它支持使用 WebDriver 协议驱动 Android 系统、iOS 和 Windows 系统上安装的应用程序。Appium 支持多系统（如 Windows、Linux），并支持多语言（如 Python、Java、JavaScript 等）。它允许测试人员在不同的平台中使用同一套 API 来编写自动化测试脚本，从而提高了代码的复用性。Appium 的测试对象包括原生应用、移动 Web 应用和混合应用，具体介绍如下。

* 原生应用：在 iOS 或 Android 系统中运行的应用，可直接通过应用商店下载与安装。
* 移动 Web 应用：在移动端浏览器中可以访问的 Web 应用，Appium 支持 iOS 中安装的 Safari 和 Chrome 浏览器，以及 Android 系统中的内置浏览器。
* 混合应用：用原生代码封装网页视图的应用程序。

Appium-Python-Client 库主要用于提供编写 Python 脚本代码时需要用到的方法。

如果使用 Appium 与 Python 语言对 App 进行自动化测试，则需要安装 Appium 和 Appium-Python-Client 库。下面将对 Appium 和 Appium-Python-Client 库的安装进行详细讲解。

1. 安装 Appium

访问 Appium 的官方网站，如图 7-10 所示。

在图 7-10 所示页面中，单击"Download Appium"按钮，进入 Appium 的下载页面，如图 7-11 所示。

图7-10　Appium的官方网站

图7-11　Appium的下载页面

在图 7-11 所示页面中，单击"Appium-windows-1.21.0.exe"即可下载 Appium 的安装文件。

下载完 Appium 的安装文件 Appium-windows-1.21.0.exe 后，双击该文件，进入安装选项界面，如图 7-12 所示。

在图 7-12 所示界面中，需要选择为当前用户还是所有用户安装 Appium 软件，此处选择"仅为我安装 (itcast)"单选项，接着单击"安装"按钮进入正在安装界面，如图 7-13 所示。

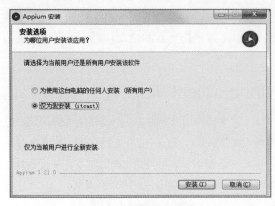

图7-12　安装选项界面

图7-13　正在安装界面

Appium 安装完成后，会进入正在完成 Appium 安装向导界面，如图 7-14 所示。

在图 7-14 所示界面中，单击"完成"按钮即可完成 Appium 的安装。安装完成后，启动 Appium，Appium 的启动界面如图 7-15 所示。

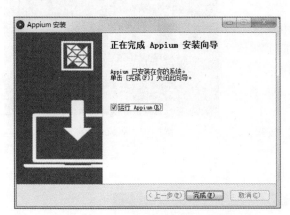

图7-14　正在完成Appium安装向导界面

图7-15　Appium的启动界面

由图 7-15 可知，Appium 的主机地址默认为 0.0.0.0，端口默认为 4723。此处不需要更改配置，单击"启动服务器 v1.21.0"按钮进入服务器运行界面，如图 7-16 所示。

图7-16　服务器运行界面

图 7-16 所示界面中，输出了"Welcome to Appium v1.21.0"等启动信息，说明 Appium 已经成功启动。

2. 安装 Appium-Python-Client 库

在计算机中打开命令提示符窗口，通过 pip 命令安装 Appium-Python-Client 库，具体安装命令如下。

```
pip install Appium-Python-Client
```

输入命令后，按"Enter"键会自动安装 Appium-Python-Client 库。

安装完 Appium-Python-Client 库后，可以通过"pip list"命令验证 Appium-Python-Client 库是否安装成功。在命令提示符窗口中输入"pip list"命令并按"Enter"键，此时命令提示符窗口如图 7-17 所示。

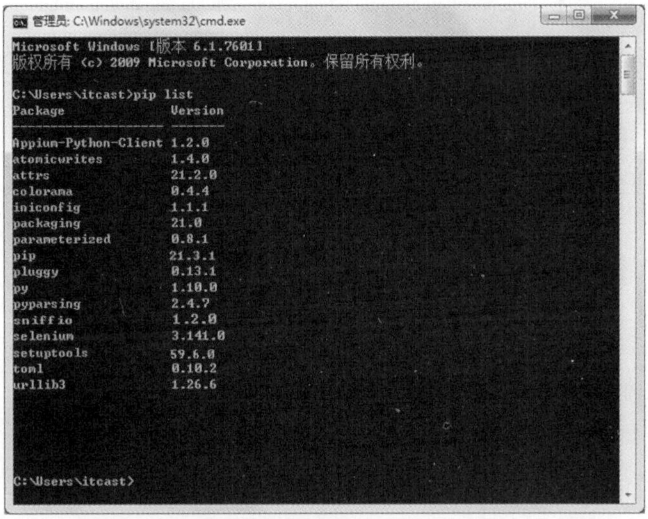

图7-17　命令提示符窗口（4）

由图 7-17 可知，执行完"pip list"命令后，命令提示符窗口中输出了 Appium-Python-Client 库的名称和版本信息，说明 Appium-Python-Client 库已经安装成功。

7.3.6　App 测试入门示例

7.3.1～7.3.3 小节中主要讲解了 App 测试环境的搭建。为了让读者了解如何使用 Appium 测试 App，下面讲解 App 测试的入门示例，具体实现步骤如下。

（1）打开雷电模拟器。

（2）打开 App，获取需要测试的 App 的包名和界面名。

（3）启动 Appium 服务器。

下面以雷电模拟器中的"设置"App 为例，演示如何打开"设置"App。首先创建一个 Chapter07 程序，然后在该程序中创建一个名为 first_app_test.py 的文件，在该文件中编写自动化测试代码，实现自动打开"设置"App 界面，具体代码如文件 7-1 所示。

【文件 7-1】　first_app_test.py

```
1  import time
2  from appium import webdriver
3  desired_caps = dict()
4  desired_caps['platformName'] = 'Android'
5  desired_caps['platformVersion'] = '7.1.2'
6  desired_caps['deviceName'] = 'emulator:5554'
7  desired_caps['appPackage'] = 'com.android.settings'
```

```
 8  desired_caps['appActivity'] = '.Settings'
 9  driver = webdriver.Remote("http://localhost:4723/wd/hub", desired_caps)
10  time.sleep(3)
11  driver.quit()
```

上述代码中，第 1~2 行代码用于导入时间模块与 WebDriver 驱动。

第 3~8 行代码用于对 App 进行初始化配置，其中第 3 行代码定义了一个 desired_caps 字典对象。

第 4 行代码用于配置设备的系统，由于本书使用的是雷电模拟器，所以配置为 Android。

第 5 行代码用于配置连接的设备系统的版本号。

第 6 行代码用于配置连接的设备名，可以通过"adb devices"命令获取。

第 7~8 行代码用于配置需要启动的 App 的包名和界面名。

第 9 行代码用于连接 Appium 服务器。

第 10~11 行代码用于等待 3 秒后退出 WebDriver 驱动。

运行文件 7-1，程序会自动打开雷电模拟器中的"设置"App，等待 3 秒后将自动退出该 App。

7.4　Appium 的基本应用

App 测试与 Web 自动化测试类似，如果测试 App 中的某个功能，则首先需要定位元素，然后才能进行点击、发送文本等操作，而这些操作可以在测试程序中调用 Appium 提供的方法实现。除此之外，在使用 App 时主要通过手指在屏幕上进行点击、长按、移动等操作，这些操作也可以调用 Appium 提供的方法实现。由此可见，Appium 在 App 测试中扮演着重要的角色。本节将对 Appium 的基本应用进行讲解。

7.4.1　Appium 元素定位

在学习 Web 自动化测试时，已讲解了 Selenium 元素定位的方法。由于 Appium 继承了 WebDriver，即 Selenium 2，所以 Selenium 中的方法在 Appium 中也能调用。例如，根据元素的 class 属性值定位元素时，在 Selenium 和 Appium 中都可以调用 find_element_by_class_name( )方法。由于 Web 端和 App 端的项目结构设计并不相同，因此元素属性也不一样。例如，在 Web 端，常用的元素属性有 id、name、class 等；在 App 中常用的元素属性有 resource-id、class、content-desc 等。针对 App 的界面元素，Appium 还提供了不同于 Selenium 的元素定位方法，具体介绍如下。

由于 Selenium 元素定位方法在第 6 章中已经详细讲解了，所以本章不再赘述。下面讲解 Appium 元素定位的方法，具体介绍如下。

1. 通过 resource-id 定位

如果测试的 App 界面元素有 resource-id 属性，并且该属性唯一，则可以调用 find_element_by_id( )方法定位元素。该方法的语法格式如下。

```
find_element_by_id(id_)
```

上述方法与 Selenium 中根据 id 属性定位元素的方法大致相同，但是在 Appium 中参数 id_ 的值是属性 resource-id 的值。

2. 通过 class 定位

在 Appium 中通过 class 定位的方法与 Selenium 中的一样，都通过调用 find_element_by_class_name( )方法定位元素。该方法的语法格式如下。

```
find_element_by_class_name(name)
```

上述方法中的参数 name 表示元素的 class 属性值。需要注意的是，在 App 的同一个界面中，通常有多个 class，因此在调用该方法定位元素时，需要验证元素的 class 是否唯一。

3. 通过 content-desc 定位

当测试的 App 界面元素有 content-desc 属性时，则可以调用 find_element_by_accessibility_id( )方法定位元素。该方法的语法格式如下。

```
find_element_by_accessibility_id(accessibility_id)
```

上述方法中的参数 accessibility_id 的取值是属性 content-desc 的值。

4. 通过 xpath 定位

xpath 定位是指根据元素的路径表达式选取 XML 文档中的节点或节点集，如果需要通过 xpath 定位元素，则可以调用 find_element_by_xpath( )方法。该方法的语法格式如下。

```
find_element_by_xpath(xpath)
```

上述方法中的参数 xpath 表示元素的相对路径或绝对路径。在 xpath 定位中，绝对路径从 HTML 根节点开始，相对路径则从任意节点开始。

5. 通过 uiautomator 定位

uiautomator 用于定位 Android 平台的 App 元素，它的定位原理是通过 Android 自带的 Android uiautomator 的 UISelector 类库去搜索特定元素，并且支持元素的全部属性定位。

通过 uiautomator 定位元素时，可以调用 find_element_by_android_uiautomator( )方法。该方法的语法格式如下。

```
find_element_by_android_uiautomator(uia_string:str)
```

上述方法中的参数 uia_string:str 表示 uiautomator 库中的元素名称。

下面以雷电模拟器中的"设置"App 为例，演示如何调用 Appium 元素定位方法来定位"设置"App 中设置界面的元素，并对这些元素进行相应的点击与输入操作，以定位放大镜图标、输入框和返回图标等元素。首先在 Chapter07 程序中创建一个 locate_app_element.py 文件，在该文件中对设置界面的元素进行定位与操作，具体代码如文件 7-2 所示。

【文件 7-2】 locate_app_element.py

```
1  import time
2  from appium import webdriver
3  desired_caps = dict()
4  desired_caps['platformName'] = 'Android'
5  desired_caps['platformVersion'] = '7.1.2'
6  desired_caps['devicesName'] = 'emulator:5554'
7  desired_caps['appPackage'] = 'com.android.settings'
8  desired_caps['appActivity'] = '.Settings'
9  driver = webdriver.Remote("http://localhost:4723/wd/hub", desired_caps)
10 # 通过 resource-id 定位放大镜图标并点击
11 driver.find_element_by_id("com.android.settings:id/search").click()
12 # 通过 class 定位输入框并输入 hello
13 input_box = driver.find_element_by_class_name("android.widget.EditText")
14 input_box.send_keys("hello")
15 # 通过 xpath 定位返回图标并点击
16 return_lcon = driver.find_element_by_xpath\
17     ("//*[@class='android.widget.ImageButton']")
18 return_lcon.click()
19 # 通过 content-desc 定位放大镜图标并点击
20 driver.find_element_by_accessibility_id("搜索设置").click()
21 # 等待 2 秒后退出"设置"App 并关闭驱动
22 time.sleep(2)
```

```
23  driver.quit()
```

运行上述代码时，程序首先会打开"设置"App 中的设置界面，其次定位设置界面的放大镜图标并进行点击操作，然后定位输入框元素并在该输入框中输入 hello，最后依次对返回图标和放大镜图标进行点击操作。

7.4.2 Appium 元素操作

在学习 Web 自动化测试时，已介绍了基本元素操作的方法，这些方法在 Appium 中也同样使用，例如，调用 click()方法可以点击元素；调用 send_keys()方法可以输入文本内容；调用 clear()方法可以清除文本内容；等。在测试 App 的过程中，还会经常使用 Appium 元素操作的其他方法，例如，当测试 App 的原生应用时，元素的断言可以调用 is_selected()方法实现，该方法的作用是判断元素是否被选中。除此之外，在 Appium 中还可以通过获取元素属性的操作来进行断言。下面将对 Appium 元素操作进行详细介绍。

Appium 元素操作的常用方法如表 7–2 所示。

表 7-2 Appium 元素操作的常用方法

方法	说明
is_displayed()	该方法用于判断元素是否可见，返回结果为布尔值
is_enabled()	该方法用于判断元素是否可用，返回结果为布尔值
is_selected()	该方法用于判断元素是否被选中，返回结果为布尔值

Appium 元素操作的常用属性如表 7–3 所示。

表 7-3 Appium 元素操作的常用属性

属性	说明
text	该属性用于获取元素的 text 值，返回结果为元素的 text 属性值
tag_name	该属性用于获取元素的标签名，App 中的原生应用没有标签名，默认为 None
size	该属性用于获取元素的宽和高，返回结果为字典类型的数据
location	该属性用于获取元素的坐标，返回结果为字典类型的数据
rect	该属性用于获取元素的宽、高和坐标，返回结果为字典类型的数据

下面以雷电模拟器中的"设置"App 为例，演示表 7–2 和表 7–3 中的常用方法和属性。首先在 Chapter07 程序中创建一个 operate_element.py 文件，在该文件中首先判断"设置"App 中设置界面的蓝牙"开启/关闭"按钮是否可见、可用、被选中，并依次输出判断结果，然后获取蓝牙"开启/关闭"按钮的 text 值、标签名、宽和高、坐标，并依次输出获取结果，具体代码如文件 7–3 所示。

【文件 7-3】 operate_element.py

```
1   import time
2   from appium import webdriver
3   desired_caps = dict()
4   desired_caps['platformName'] = 'Android'
5   desired_caps['platformVersion'] = '7.1.2'
6   desired_caps['devicesName'] = 'emulator:5554'
7   desired_caps['appPackage'] = 'com.android.settings'
8   desired_caps['appActivity'] = '.Settings'
9   driver = webdriver.Remote("http://localhost:4723/wd/hub", desired_caps)
10  # 定位设置界面的蓝牙选项
11  bluetooth_options = driver.find_element_by_xpath("//*[@text='蓝牙']")
```

```
12  bluetooth_options.click()
13  time.sleep(2)
14  # 判断蓝牙的"开启/关闭"按钮是否可见并输出结果
15  bluetooth_button = driver.find_element_by_id\
16      ("com.android.settings:id/switch_widget")
17  print(bluetooth_button.is_displayed())
18  # 判断蓝牙的"开启/关闭"按钮是否可用并输出结果
19  print(bluetooth_button.is_enabled())
20  # 判断蓝牙的"开启/关闭"按钮是否被选中并输出结果
21  print(bluetooth_button.is_selected())
22  # 获取"开启/关闭"按钮的 text 值并输出结果
23  print(bluetooth_button.text)
24  # 获取"开启/关闭"按钮的标签名并输出结果
25  print(bluetooth_button.tag_name)
26  # 获取"开启/关闭"按钮的宽和高并输出结果
27  print(bluetooth_button.size)
28  # 获取"开启/关闭"按钮的坐标并输出结果
29  print(bluetooth_button.location)
30  # 获取"开启/关闭"按钮的宽、高和坐标并输出结果
31  print(bluetooth_button.rect)
32  # 等待 2 秒后退出"设置"App 并关闭驱动
33  time.sleep(2)
34  driver.quit()
```

运行文件 7-3，运行结果如图 7-18 所示。

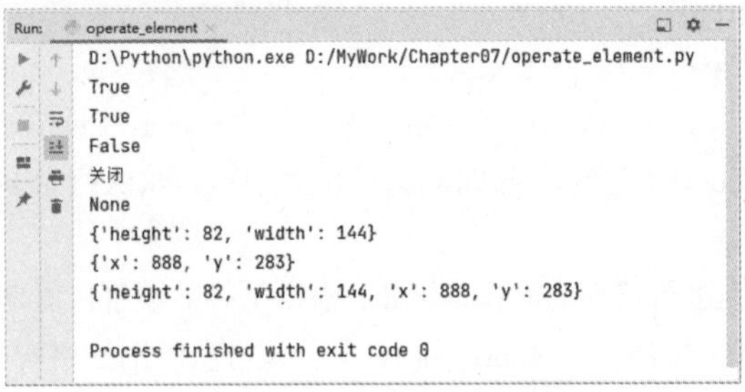

图7-18　文件7-3的运行结果

7.4.3　Appium 手势操作

隐私安全是每个人都非常关注的。在现代社会，由于信息技术的快速发展，隐私安全面临越来越大的挑战，我们每个人都要保护和尊重他人隐私。在使用智能手机、平板电脑等移动设备时，为了保护个人隐私，通常会设置锁屏密码。如果设置数字锁屏密码，则需要通过手指点击屏幕中的数字按键，输入正确的密码完成开锁；如果设置图案锁屏密码，则需要通过手指完成按下、移动、抬起的操作，以绘制开锁的图案。除此之外，在使用移动设备时，还会经常进行轻敲、长按、拖曳等操作，在 Appium 中这些操作统一称为手势操作。

在编写 App 测试脚本的过程中，主要通过调用手势操作的相关方法来模拟手势操作，Appium 常用的手势操作具体如下。

1．轻敲操作

轻敲操作是指模拟手指对某个元素或点按下并快速抬起的操作，实现轻敲操作时需要调用 tap( )方法，该方法的语法格式如下。

```
tap(element=None, x=None, y=None)
```

tap( )方法中的参数 element 表示被轻敲的元素对象；参数 x 表示被轻敲的点的 x 轴坐标；参数 y 表示被

轻敲的点的 y 轴坐标。tap( )方法中的 3 个参数的默认值为 None。

2. 按下操作

按下操作是模拟手指按压屏幕上某个元素或点的操作，实现按下操作时需要调用 press( )方法，该方法的语法格式如下。

```
press(el=None, x=None, y=None)
```

press( )方法中的参数 el 表示被按下的元素对象；参数 x 表示被按下的点的 x 轴坐标；参数 y 表示被按下的点的 y 轴坐标。press( )方法中的 3 个参数的默认值为 None。

3. 抬起操作

抬起操作是模拟手指离开屏幕的操作，按下操作与抬起操作可以组合成轻敲或长按操作。实现抬起操作时需要调用 release( )方法，该方法的语法格式如下。

```
release()
```

4. 等待操作

等待操作是模拟手指在屏幕上暂停的操作，例如，按下某个按钮后，等待 5 秒再抬起。等待操作通常可以与按下、抬起、移动等手势操作组合使用。实现等待操作时需要调用 wait( )方法，该方法的语法格式如下所示。

```
wait(ms=0)
```

wait( )方法中的参数 ms 表示等待的时间，单位为毫秒。

5. 长按操作

长按操作是模拟手指按下元素或点后，等待一段时间的操作。例如，长按某个按钮一段时间后会弹出菜单。实现长按操作时需要调用 long_press( )方法，该方法的语法格式如下。

```
long_press(el=None, x=None, y=None, duration=1000)
```

long_press( )方法中的参数 el 表示被长按的元素对象；参数 x 表示被长按的点的 x 轴坐标；参数 y 表示被长按的点的 y 轴坐标；参数 duration 表示长按时间，单位为毫秒，默认值为 1000。

6. 移动操作

移动操作是手指在屏幕上进行移动的操作，比如，根据手势解锁手机屏幕时，需要手指在屏幕上按下再进行移动操作。实现移动操作时需要调用 move_to( )方法，该方法的语法格式如下。

```
move_to(el=None, x=None, y=None)
```

move_to( )方法中的参数 el 表示被移动的元素对象，参数 x 表示被移动的点的 x 轴坐标，参数 y 表示被移动的点的 y 轴坐标。

7. 滑动操作

Appium 提供了 2 个方法实现滑动操作，这 2 个方法分别是 swipe( )方法和 scroll( )方法，其中用 scroll( )方法实现的滑动操作也可以称为滚动操作。下面对通过这 2 个方法实现的滑动操作进行详细介绍。

（1）通过 swipe( )方法实现滑动操作

通过 swipe( )方法实现的滑动操作是指手指触摸屏幕后从一个坐标位置滑动到另一个坐标位置的操作，该操作可以设置滑动持续时间，并且具有一定的惯性。通过 swipe( )方法实现的滑动操作是以坐标为操作目标进行移动的，并且只能是屏幕上两个点之间的操作。swipe( )方法的语法格式如下。

```
swipe(start_x, start_y, end_x, end_y, duration=None)
```

下面对 swipe( )方法中的参数进行具体介绍。

- start_x：滑动操作起始位置的 x 轴坐标。
- start_y：滑动操作起始位置的 y 轴坐标。
- end_x：滑动操作结束位置的 x 轴坐标。
- end_y：滑动操作结束位置的 y 轴坐标。

- duration：滑动操作持续的时间，单位为毫秒，默认值为 None。该参数可以降低滑屏的速度和惯性。

（2）通过 scroll( )方法实现滑动操作

通过 scroll( )方法实现的滑动操作是指手指触摸屏幕后从一个元素滑动到另外一个元素，直到页面自动停止的操作，该操作无法设置滑动持续时间，但是具有一定的惯性。与 swipe( )方法实现滑动操作不同的是，scroll( )方法是通过控件确定滑动起点和终点的。scroll( )方法的语法格式如下。

```
scroll(source_element, target_element)
```

scroll( )方法中的参数 source_element 表示被滑动的元素对象；参数 target_element 表示目标元素对象。

8. 拖曳操作

拖曳操作是指将一个元素拖动到另外一个元素的位置，也可以是将一个元素拖动到另外一个元素中。拖曳操作是以控件为操作目标进行移动的，拖曳操作可以通过 drag_and_drop( )方法来实现，该方法的语法格式如下。

```
drag_and_drop(source_element, target_element)
```

drag_and_drop( )方法中的参数 source_element 表示被拖曳的元素对象；参数 target_element 表示目标元素对象。虽然 drag_and_drop( )方法与 scroll( )方法传递的参数都是元素对象，但是拖曳操作没有惯性。

需要注意的是，在调用 swipe( )方法实现滑动操作时，如果滑动的持续时间足够长，则滑动效果会与 drag_and_drop( )方法实现的拖曳效果一样。

下面以雷电模拟器（分辨率为 1280 像素 × 1420 像素）中的"设置"App 为例，演示在程序中调用 Appium 手势操作的方法。首先在 Chapter07 程序中创建 operation_gesture.py 文件，然后在该文件中实现以下操作。

- 长按设置界面右上方的搜索图标。
- 在设置界面滑动屏幕找到"安全"选项并点击。
- 在安全界面点击"屏幕锁定"。
- 在选择屏幕锁定方式界面点击"图案"选项。
- 在绘制解锁图案界面中绘制"L"解屏图案，等待 5 秒后退出雷电模拟器。

实现以上操作的具体代码如文件 7-4 所示。

【文件 7-4】　operation_gesture.py

```
1   import time
2   from appium import webdriver
3   from appium.webdriver.common.touch_action import TouchAction
4   desired_caps = dict()
5   desired_caps['platformName'] = 'Android'
6   desired_caps['platformVersion'] = '7.1.2'
7   desired_caps['devicesName'] = 'emulator:5554'
8   desired_caps['appPackage'] = 'com.android.settings'
9   desired_caps['appActivity'] = '.Settings'
10  driver = webdriver.Remote("http://localhost:4723/wd/hub", desired_caps)
11  # 长按设置界面右上方的搜索图标
12  search_setting = driver.find_element_by_accessibility_id("搜索设置")
13  TouchAction(driver).long_press(search_setting, duration=2000).perform()
14  time.sleep(2)
15  # 滑动屏幕找到设置界面中的"安全"选项
16  driver.swipe(start_x=324, start_y=1479,
17          end_x=324, end_y=300, duration=2000)
18  driver.swipe(start_x=334, start_y=1891,
19          end_x=334, end_y=245, duration=2000)
20  # 点击设置界面的"安全"选项
```

```
21  driver.find_element_by_xpath("//*[@text='安全']").click()
22  time.sleep(2)
23  # 点击安全界面的"屏幕锁定"选项
24  driver.find_element_by_xpath("//*[@text='屏幕锁定']").click()
25  time.sleep(2)
26  # 选择屏幕锁定方式的"图案"选项
27  driver.find_element_by_xpath("//*[@text='图案']").click()
28  # 设置锁屏图案
29  time.sleep(2)
30  TouchAction(driver).press(x=240, y=976).wait(500).move_to(x=240, y=1265) \
31      .wait(500).move_to(x=240, y=1576).wait(500).move_to(x=540, y=1576)\
32      .wait(500).move_to(x=840, y=1576).wait(500).release().perform()
33  time.sleep(5)
34  driver.quit()
```

上述代码中，第 3 行代码用于导入 TouchAction 类。

第 13 行代码调用 TouchAction 类中的 long_press( )方法和 perform( )方法实现长按操作。

第 16 ~ 19 行代码调用 swipe( )方法实现滑动操作。

第 30 ~ 32 行代码通过调用 TouchAction 类中的 press( )、wait( )、move_to( )、release( )和 perform( )方法实现了手指按下、移动和抬起操作。其中，press( )方法中传递的参数 x 表示手指按下的点的 x 轴坐标，参数 y 表示手指按下的点的 y 轴坐标；wait( )方法用于实现手指按下或移动过程中需要等待的操作；move_to( )方法中传递的参数 x 表示手指移动到的点的 x 轴坐标，参数 y 表示手指移动到的点的 y 轴坐标；release( )方法用于实现抬起操作。

7.5   实例：使用 Appium 测试"TP 商城单商户"App

前面讲解了 App 测试基础、App 测试要点、如何搭建 App 测试环境和 Appium 的基本应用。为了巩固前面学习的内容，本节以"TP 商城单商户"App 为例，讲解如何使用 Appium 测试 App。

7.5.1   "TP 商城单商户"App 的测试环境准备

工欲善其事，必先利其器。在测试 App 之前首先需要搭建测试环境，环境搭建不完善将影响测试进度。由于 7.3 节中已经详细讲解了 App 测试环境的搭建，所以下面主要介绍本实例的测试环境准备。"TP 商城单商户"App 的测试环境准备可扫描下方二维码进行查看。

7-1   "TP商城单商户"App的测试环境准备

7.5.2   "TP 商城单商户"App 的界面元素信息获取

"TP 商城单商户"App 的功能较多，以此 App 中的搜索功能和界面切换功能为例，使用 Appium 对这些功能进行测试。本小节需要获取"TP 商城单商户"App 测试界面的元素信息，具体实现过程可扫描二维码进行查看。

7-2 获取"TP商城单商户"App测试界面的元素信息

7.5.3 "TP 商城单商户"App 的功能测试

下面以测试"TP 商城单商户"App 的搜索功能和界面切换功能为例，讲解如何使用 Appium 工具和 Python 语言编写测试脚本，实现"TP 商城单商户"App 的功能测试，具体内容可扫描下方二维码进行查看。

7-3 "TP商城单商户"App的功能测试

7.6 本章小结

本章主要讲解了 App 测试的相关知识，包括 App 测试及其要点、搭建 App 测试环境和 Appium 的基本应用。7.5 节通过一个实例讲解了如何使用 Appium 测试"TP 商城单商户"App 中的搜索功能和界面切换功能。通过本章的学习，读者能够掌握 App 的测试方法。

7.7 本章习题

一、填空题

1. 移动设备常用的系统为 iOS 和＿＿＿＿＿系统。

2. App 的专项测试包括安装测试、卸载测试、升级测试、＿＿＿＿＿、弱网测试、耗电量测试。

3. Appium 的测试对象包括＿＿＿＿＿、移动 Web 应用和混合应用。

4. App 的 UI 测试要点包括导航测试、内容测试和＿＿＿＿＿。

5. App 的特性包括设备多样性、＿＿＿＿＿、平台多样性。

6. text 属性的作用是＿＿＿＿＿。

7. 在 Appium 手势操作中，在程序中通过调用＿＿＿＿＿方法可以实现拖曳操作。

二、判断题

1. App 是指运行在手机中的应用程序。（　　　）

2. App 使用的网络只能是 Wi-Fi。（　　　）

3. App 可接收语音输入。（　　　）

4. App 测试的要点可以不考虑系统兼容性。（　　　）

5. Appium 使用的协议是 HTTP。（　　　）

6. Appium 不支持 PHP 语言。（　　　）

三、单选题

1. 下列选项中，关于 App 的说法中错误的是（　　　）。

A. App 使用的网络可能会从 Wi-Fi 瞬间切换到 4G

B. App 满足了用户对移动生活、工作的强烈需求

C. App 无法接收键盘、鼠标输入

D. App 屏幕窄小，显示的信息有限

2. 下列选项中，哪一项不属于移动 App 的 UI 测试。（　　　）

A. 图片测试　　　　　　　B. 安装测试　　　　　　　C. 文字测试　　　　　　　D. 颜色测试

3. 下列选项中的方法或属性，哪一项用于判断元素是否可见。（　　　）

A. rect　　　　　　　B. is_selected( )　　　　　　　C. location　　　　　　　D. is_displayed( )

4. 关于 Appium 手势操作，下列说法中错误的是（　　　）。

A. 如果模拟手指在屏幕上进行移动操作，则可以调用 move_to( )方法

B. 轻敲、长按、拖曳等都可以称为 Appium 手势操作

C. swipe( )方法和 scroll( )方法都可以实现滑动操作，其中 scroll( )方法可以设置滑动持续时间

D. drag_and_drop( )方法与 scroll( )方法传递的参数都是元素对象，但是 drag_and_drop( )方法没有惯性

5. 关于 Appium 元素定位，下列选项中说法正确的是（　　　）。

A. Selenium 具有的方法在 Appium 中无法调用

B. 通过 resource-id 属性定位时可以调用 find_element_by_accessibility_id( )方法

C. 通过 uiautomator 定位元素可以调用 find_element_by_android_uiautomator( )方法

D. 调用 find_element_by_class_name( )方法时可以不验证元素的 class 属性是否唯一

四、简答题

1. 请简述 App 测试与 PC 端软件测试的区别。

2. 请简述 App 专项测试要点。

3. 请简述 App 性能测试要点。

第8章

软件测试实战——黑马头条项目

学习目标

★了解项目简介，能够描述黑马头条项目的用途

★了解测试需求说明书，能够描述需求说明书的基本目录结构

★了解项目测试计划，能够描述测试计划的基本目录结构

★掌握项目测试过程，能够根据设计的测试用例执行接口测试、手工测试和 Web 自动化测试

第 1~7 章主要讲解了软件测试的基础知识，包括各种测试的概念、测试方法和测试类型，为了巩固前面所学的知识，加深读者对软件测试技术和过程的理解，本章将介绍软件测试实战——黑马头条项目的接口测试、手工测试和 Web 自动化测试过程。

8.1 项目简介

活到老学到老是一种人生态度，意味着在人生的各个阶段都可以学习、成长和实现自我价值。在这个信息化时代，知识和科技日新月异，只有不断学习和更新自己的知识才能与时俱进。

黑马头条项目是一款汇集科技资讯、技术文章和问答交流的产品，用户通过使用该产品，不仅可以获取最新的科技资讯，而且可以学习、发表和交流技术文章。

黑马头条项目主要包含 4 个模块，分别是首页、内容管理、粉丝管理和账户信息。在首页模块中，用户可以查看最新图文、动态等；在账户信息模块中，用户可以修改个人账户信息，例如更换头像、修改账户名等；内容管理模块包括发布文章、内容列表、评价列表和素材管理；粉丝管理模块包括图文数据、粉丝概况、粉丝图像和粉丝列表。

在黑马头条项目中，登录功能是必不可少的一部分，用户通过使用其账号和密码进行身份验证，并获得对应的权限以访问系统。黑马头条项目的登录页面如图 8-1 所示。

图 8-1 中，用户通过输入账号和验证码，

图8-1 黑马头条项目的登录页面

勾选"我已阅读并同意用户协议和隐私条款"复选框，单击"登录"按钮即可登录系统。

8.2　测试需求说明书

　　测试需求说明书是依据用户的需求，将该需求转化为技术上可以实现的测试规范性文档。当用户的需求变更时，可对测试需求说明书的内容进行修改、新增或删除。黑马头条项目的测试需求说明书的目录结构如下。

一、概述
1．编写目的
2．适用范围
二、系统说明
1．系统背景
2．系统功能
三、系统的功能性需求
四、环境需求
五、测试人员的要求
六、测试完成标准
七、测试提交文档

读者可通过本书配套资源获取详细的测试需求说明书。

8.3　项目测试计划

　　测试计划并不是一成不变的，在测试过程中，测试计划会随着软件需求变更而修改，通常测试计划的目录结构如下。

一、前言
1．编写目的
2．背景说明
3．术语解释
二、测试目标
三、测试对象
四、测试范围
五、测试流程
六、测试方案
1．测试类型
2．测试环境
3．测试策略
七、风险分析
1．风险来源
（1）产品设计
（2）开发方面
（3）测试方面
2．风险影响
3．风险处理
八、测试管理
1．文档管理
2．缺陷管理

读者可通过本书配套资源获取详细的项目测试计划文档。

8.4　项目测试过程

了解了项目简介、测试需求说明书和项目测试计划后，下面将介绍项目的测试过程，包括设计测试用例、执行接口测试、执行手工测试和 Web 自动化测试。

1. 设计测试用例

测试用例是一组预先设计好的测试步骤和测试数据，通过设计测试用例以验证黑马头条项目是否符合预期的要求。

2. 执行接口测试

通过 Postman 工具完成黑马头条项目的登录接口测试，确保登录接口能够正常进行信息交互和传输数据。执行接口测试的过程包括创建集合、创建环境变量、执行接口测试用例、生成测试报告。

3. 执行手工测试

通过分析黑马头条项目的测试需求，编写手工测试用例，并依次执行手工测试用例。在执行手工测试用例的过程中，观察实际结果与预期结果是否一致，如果一致，说明测试通过；如果不一致，则记录测试问题。

4. 执行 Web 自动化测试

通过 pytest 框架编写自动化测试代码，完成黑马头条项目登录功能的自动化测试，通过测试登录功能可以提高系统的安全性和可靠性，防止系统被未授权的用户访问和进行非法操作。

执行 Web 自动化测试的过程包括创建 utils.py 文件、创建 base.py 文件、创建 login_page.py 文件、创建 test_case.py 文件、创建 pytest.ini 配置文件、生成测试报告。

读者可通过本书配套资源学习具体的项目测试过程。

8.5　本章小结

本章首先简要介绍了黑马头条项目，然后介绍了测试需求说明书和项目测试计划，最后介绍了项目测试过程。通过本章的学习，读者能够掌握使用 Postman 工具进行接口测试、编写手工测试用例进行手工测试以及使用 pytest 框架编写自动化测试脚本。